基于ET管理的水权分配与水资源优化配置研究

李秀丽　著

·北京·

内 容 提 要

本书是一部基于ET管理理念，探讨水权分配和水资源优化配置理论方法及应用研究的著作。针对华北地区一方面水资源严重短缺、另一方面水资源利用效率低下的问题，在分析国内外有关水权分配、水资源优化配置方法的基础上，依据ET管理理念构建区域目标ET指标体系，提出与目标ET相应的地表水、地下水水权分配方法，以水资源高效利用、可持续利用为准则，构建目标ET约束下的区域农业用水结构体系，进行区域水资源优化配置。为水资源短缺区域合理开采地下水、保持地下水动态平衡、保障区域水资源可持续利用、构建与水资源承载能力相协调的经济结构体系和水权管理体系提供技术支撑。

本书可以作为高等院校水文水资源工程及其他相关专业师生参考书，也可供从事水文水资源领域研究的科技人员参考。

图书在版编目（CIP）数据

基于ET管理的水权分配与水资源优化配置研究 / 李秀丽著. -- 北京 : 中国水利水电出版社, 2019.12
ISBN 978-7-5170-8336-8

Ⅰ. ①基… Ⅱ. ①李… Ⅲ. ①水资源管理－资源配置－优化配置－研究 Ⅳ. ①TV213.4

中国版本图书馆CIP数据核字(2019)第297463号

书　　名	**基于ET管理的水权分配与水资源优化配置研究** JIYU ET GUANLI DE SHUIQUAN FENPEI YU SHUIZIYUAN YOUHUA PEIZHI YANJIU
作　　者	李秀丽　著
出版发行	中国水利水电出版社 （北京市海淀区玉渊潭南路1号D座　100038） 网址：www.waterpub.com.cn E-mail：sales@waterpub.com.cn 电话：（010）68367658（营销中心）
经　　售	北京科水图书销售中心（零售） 电话：（010）88383994、63202643、68545874 全国各地新华书店和相关出版物销售网点
排　　版	中国水利水电出版社微机排版中心
印　　刷	清淞永业（天津）印刷有限公司
规　　格	170mm×240mm　16开本　8.25印张　162千字
版　　次	2019年12月第1版　2019年12月第1次印刷
定　　价	**45.00**元

前　言

水资源是人类生存和社会发展不可替代的自然资源，然而有限的水资源越来越不能满足经济的快速发展和人们生活水平的提高对水资源的需求，导致水资源的供需矛盾突出。水资源的短缺成为制约社会经济可持续发展的主要问题。本书针对水资源短缺问题开展研究，在分析了国内外有关水资源优化配置方法的基础上，以研究区域为例，提出了以ET（耗水量）管理理念、水资源高效利用为准则的水权分配方法与水资源优化配置方案，为研究区域的水资源综合利用提供理论依据和技术支撑。本书的主要研究内容及成果如下。

(1) 研究区域水资源分析。依据区域降水特性和下垫面条件，分析计算当地降水产生的地表水、地下水，推求了地下水在丰水年、平水年、枯水年的变化；依据区域入境河流上游径流特性、用水状况、上下游分水原则和水利工程条件，分析山区、平原区水力联系，推求了丰水年、平水年、枯水年天然入境水的时空分布。

(2) 需水预测及供需矛盾分析。以2015年为现状水平年，依据现有经济布局和各行业用水水平预测各行政区、各行业现状水平年需水量，结合现状供水条件进行供需平衡分析，揭示区域水资源开发利用中存在的主要矛盾和需要解决的关键技术问题。

(3) 水权分配方法研究。采用先进的ET管理理念和水权分配理论，根据研究区域的水资源条件、供水条件和用水水平，分析区域水资源可利用量（允许消耗量）；提出了全区及各分区的多年平均、丰水年、平水年、枯水年的目标ET的分配方法，以及目标ET约束下的地表水、地下水水权分配方法；构建了水资源开发利用总量控制体系。

(4)“开源”“节流”技术措施研究。基于灌溉试验，重点探讨了不同作物行之有效的节水、高效用水灌溉技术措施；构建了目标

ET约束下的农业用水结构体系，以及再生水、微咸水和咸水的安全利用技术及适宜模式。

(5) 基于高效用水的水资源开发利用模式研究。以ET管理为核心、最大水资源可消耗量为准则，结合研究区域社会经济发展规划，构建2025规划水平年的经济社会用水结构体系；分别预测丰、平、枯水平年的可供水量和需水量（含生活、工业、农业及生态环境需水量），进行水资源供需平衡分析，进一步揭示规划水平年区域水资源开发利用需要解决的关键技术问题。

(6) 多水源联合调控及优化配置研究。基于水权分配，结合区域地表水、地下水、再生水的相互转化关系，以及不同区域、不同水源在年际年内的以丰补歉措施和地下水动态平衡原则，采用先进技术方法，进行了区域多水源联合调控及优化配置；优化了各行政区的目标ET和地表水、地下水分配方案，构建了以ET为中心的水平衡机制，提出了具有科学性、先进性、有效性和可操作性的水资源开发利用技术方法和实施规划。为合理开采地下水、保持地下水动态平衡、保障区域水资源可持续利用、构建与水资源承载能力相协调的经济结构体系和水权管理体系提供技术支撑。

本书在编写过程中得到河北工程大学王树谦教授、西安理工大学费良军教授的指导与支持，在此表示衷心感谢。此外，本书参考了大量国内外文献资料，在此向作者们表示衷心感谢。

感谢华北水利水电大学管理科学与工程学科对本书出版的资助。
由于本书作者水平有限，书中难免有疏漏之处，恳请广大读者批评指正。

作者

2019年11月

目　录

第1章　绪　　论

1.1　研究背景及意义

水资源是人类赖以生存和经济社会可持续发展必不可少的自然资源，人与自然的和谐发展也离不开水资源。随着现代社会经济的快速发展和人们对高品质生活的追求，水资源的需求量也越来越大，但水资源总量是有限的，很难满足各方的需求，这就导致了水资源的供需矛盾[1]。21世纪，水资源的短缺将会制约经济和社会发展，并可能导致各国因争夺有限的水资源而产生冲突[2]。各国政府已经注意到水资源的供需矛盾导致的生态环境日益恶化的问题，水资源短缺是全球共同面对的危机。没有水资源，人类将无法生存。2012年全国水资源会议提出，“严格执行国务院关于实行最严格水资源管理制度的意见，要像重视国家粮食安全一样重视水资源安全，像严格土地管理一样严格水资源管理，像抓好节能减排一样抓好节水工作”[3]。由于过去人们的传统观念认为水资源“取之不竭，用之不尽”，忽视对水资源的节约和水环境的保护，为了满足自身对水资源的需求，对水资源过度开发，水资源利用效率低、浪费严重，生态环境遭到破坏，破坏了人与自然的和谐，导致全球气候变暖、干旱和洪涝灾害频发、土地荒漠化及地下漏斗等现象出现，严重影响人类生活水平的提高、社会的稳定和经济的发展。近年来，人们意识到只有做到人与水资源的和谐发展，才能有效地避免尖锐的水资源供需矛盾和有河必枯、有水必污的水环境，才能使有限的水资源满足社会经济发展的需求。

如何在人水和谐的状态下，既保护生态环境又满足经济社会发展的需求，使水资源的供需达到最佳，这是亟待我们研究的问题。一些地区通过跨流域调水、拦河筑坝建水库等水利工程开发利用水资源。实践证明，水利工程对国民经济具有重要的作用，但不能从根本上解决水资源短缺的问题，而且会给人类的生存环境带来各种各样的影响。要解决水资源短缺的问题，除了工程措施外，还应合理配置与科学管理水资源，既能使有限的水资源得到合理开发和持续利用，又能实现社会经济和生态环境的协调发展。

1.1.1　研究背景

我国水资源总量较为丰富，世界排名第六位，但从人均角度来看又属于世界最缺水的13个国家之一，这主要是因为我国人口比较多[4]。我国幅员辽阔，各地的气候差异较大，水资源分布十分不均。大部分地区受季风影响明显，年内、年际变化大，给水资源的开发利用带来了困难，也是水旱灾害频发的根本原因。水资源在开发利用过程中存在的主要问题如下：

(1) 北方地区水资源较少，相对干旱，跟南方地区相比水资源的供需矛盾较为突出，缺水会使经济发展受到一定的影响。

(2) 城市和工业集中地区、北方部分井灌区地下水超采，导致地下水资源枯竭，同时引起地面沉降。河北省平原区地下水超采开发十分严重，个别地区地下水位下降超过数十米，出现地面沉降等现象。

(3) 水质恶化，地表水和地下水均受到污染。由于人口的不断增长和工业的迅速发展，废污水排放量增加很快，水体污染日趋严重，表现为：北方比南方严重，西部比东部严重；出现由城市向农村蔓延，由地表向地下渗透的趋势。

(4) 用水浪费，水的重复利用率低。我国水的重复利用率仅为40%，而发达国家已达75%～85%；我国农田灌溉用水有效利用系数只有0.5，而发达国家已达0.7～0.8。

(5) 水资源分散管理，“多龙管水”，管理职能存在交叉和分割，导致以牺牲环境为代价的不合理开发。协调好发展与环境的关系，因地制宜、相互协调、避免相互干扰，扬长避短、合理开发，使水资源充分发挥其最优效益，把可能出现的负效应缩至最小，为我国经济可持续发展保驾护航，是水资源管理首要解决的问题[5]。

河北省地处半干旱半湿润地区，水资源严重短缺，全省多年平均降水量541mm，降水时空分布不均，年际变化较大。河北省人均水资源量不足全国人均占有量的7%，供需矛盾突出，水资源开发利用方式粗放，地下水超采严重，地下水位持续下降，水体污染严重，水生态环境恶化。

邯郸市位于河北省南部，西依太行山脉，东接华北平原。邯郸市西部山区有岳城水库、东武仕水库两座大型水库，及80多座中小型水库，可调节山区地表水，但来水量受上游用水影响较大，不稳定且保证率低。东部平原有卫河入境，来水量少、水质差。在实施引黄工程后，通过渠道每年可阶段性限引黄河水，2014年后增加了南水北调的长江水。区域内多年平均降水量536mm，年际变化大、年内分布不均，70%～80%集中在汛期，有效地表径流较少；地下分布有淡水、微咸水和咸水，可有限利用。

邯郸市东部平原人口密度大，具有扎实的农业经济基础，初步实现了区域化、专业化、规模化生产，农业产业特色明显，粮食生产是当地的主要经济支柱，100万亩以上大型灌区有漳南灌区、民有灌区和滏阳河灌区等，农业用水量大；主要工业行业有冶金、建材、化工等，已形成了雄厚的工业发展基础和门类比较齐全的工业格局，工业经济实力较强，还有多个已建、在建的工业园区，工业用水量不断增加。半个世纪以来，随着社会经济的快速发展，区域水资源开发利用程度越来越高，又因全球气候变化的影响，致使区域内水资源供需矛盾日益突出。上游来水减少，大量超采地下水，形成多处地下水漏斗区，2014年起在国家支持下逐年开展地下水超采综合治理工程。

综上所述，邯郸市东部平原的水资源现状是：一方面水资源本底条件相对薄弱，人多水少、水资源时空分布不均、与生产力布局不匹配，农业灌溉用水较粗放，由于水资源开发利用不合理，形成严重的地下水超采区，亟待解决突出的用水矛盾；另一方面多水源并存，蓄、滞、引、排水工程完备，具备多水源联合调度、合理配置、农业高效用水的基础条件。因此，本书以邯郸市东部平原为研究区，利用先进的管理理念，探讨地下水超采区水资源合理配置、高效利用和科学管理的技术方法，寻求能够使有限的水资源得到合理开发和持续利用的有效途径，促进社会经济和生态环境协调发展。

1.1.2 研究意义

仅通过工程措施开发利用水资源很难满足经济发展的需要。通过水资源的优化配置，促进工程水利向资源水利转变，提高水资源的科学管理水平，强化节水，高效利用水资源，是解决水资源供需矛盾的关键[6-8]。

针对水资源短缺，采取先进的ET管理理念，确定区域水资源可利用量，进行水权分配，探讨区域水资源供耗平衡新途径，达到水资源开发利用总量控制；基于水权分配，结合水源水质及时空变化特性，开展多水源的联合调控，合理配置经济社会各行业取用水量，促进人口、经济、生态环境的协调发展；针对农业灌溉用水粗放问题，合理规划农业用水结构，采用先进的节水措施与高效利用技术，提高水资源利用效率，从水资源高消耗、低产出转向低消耗、高产出，使有限的水资源发挥最大的社会、经济与生态环境效益。

通过上述管理理念和水资源开发利用技术，合理配置“三生”（生产、生活和生态）用水，可解决邯郸市东部平原缺水严重、水资源开发利用方式粗放、用水效率相对较低以及废污水排放影响水生态环境的突出问题。对有效缓解区域水资源供需矛盾，保持地下水动态平衡，保障水资源可持续利用，促进经济社会可持续发展具有深远意义。

1.2 国内外研究概况

1.2.1 水权制度的国内外发展概况

由于水资源供需矛盾日趋紧张，许多国家积极致力于对水权制度的探索和实践，建立或完善其水权制度。由于社会发展、水资源条件和管理模式等因素的不同，各国建立的水权制度各不相同。同一国家，由于所处的经济发展时期不同、各区域的水资源条件不同，制定的水权制度也有所不同。

1.2.1.1 国外水权制度的发展概况

目前少数发达国家的部分地区的水权制度运作良好，而一些发展中国家的水权制度还在探索阶段。

1. 美国水权制度

美国的水权制度是建立在私有制的基础上的，由于水资源分布的差异，各州都有相应的水权制度。在多雨的东部、东南部和中西地区实行滨岸权制度，在西部干旱和半干旱的各州采用优先占有权制度[9]，在兼有上述地区气候特点的地区采用混合或双重水权体系。美国是市场经济最发达的国家，也是最早实行水权转让的国家，1859 年加州最高法院首先肯定了水权交易的合法性[10]。水权作为私有财产，拥有优先权的用户可以向使用次序较后的用户出售水权，但水权转让必须由州水行政机构或法院批准，转让前进行公告。国家法律主要协调各州之间的水权转让关系，各州内部的水权转让遵照各州的相应法律。美国各州水行政管理部门审批水权转让时，要遵循不影响各州的生态环境、不损害他人合法权益的原则[11]。在水资源极端短缺，可能造成严重危害的时候，可以采取紧急措施，对水权进行修改[12]。在 1983 年以前，科罗拉多州禁止以任何形式向其他州进行水权转让，加利福尼亚州在州和县都设定了限制条款[13]。为了应对干旱时期缺水的问题，加利福尼亚州政府制定了旱灾对策，组建了加州枯水银行[14-16]。与被固定了的水权分配相比，枯水银行设计加入时间因素，水的利用将会更加有效。为了有效利用水资源，爱达荷州、亚利桑那州、德克萨斯州等州也建立了水银行制度，采用股份制形式对水权进行管理便于水权的交易，充分体现水资源的经济价值[17,18]。

2. 澳大利亚水权制度

澳大利亚水权制度最早来源于英国的习惯法，实行滨岸权制度。1896 年，新南威尔士州《水权法》提出“水公平分配”的要求。1983 年，澳大利亚有了一定规模的暂时性用水水权转让活动。1989 年，《维多利亚水法》明确管理机构，确认水权可永久买卖。1994 年，水改革框架建立水市场，鼓励公众参与水利建设，推进水利工程市场化。21 世纪初，随着水权制度的应用，澳大利亚发现，英国的滨岸权制度并不适用于本国，决定结合本国的实际情况，通过立法分离水权与土地所有权，建立适合本国水资源情况的水权制度，由联邦政府对水资源进行长期的、可持续性的管理，在保证生态可持续性的同时，使有限的水资源为社会效益创造最大、最好的价值[19]。实行取用水许可制度，水权可以在州内或州际之间互相转让。目前州政府不再审批、发放新的水权，只能通过交易取得水权[20,21]。2004 年“国家水计划”，为了使水资源市场进一步完善，使水资源市场的改革进一步深化，成立了国家水资源管理委员会，建立了公开的水权登记制度以便于水权的交易[22]。2007 年以后，维多利亚改革水权制度，新增配水设施交易及水股票等交易产品，并严格监管水的用途，为应对气候变暖问题，政府以市场人的身份收购水权。澳大利亚的水权制度经历了探索—发展—成熟阶段的发展，走向持续转化水权制度。

3. 智利水权制度

智利是世界上水贸易最发达的国家，早在 1966 年，水资源的所有权已经属于国家所有，1981 年通过水法进一步确定了国家对水资源的所有权，水资源的初始使用权由国家负责分配，个人可以根据法律规定申请地表水和地下水的使用权[23]。政府一直鼓励水权改革，为了适应新的社会和经济政策，2005 年对水法实施了修订，通过法律的手段使水资源市场具有极大的自由。智利水权可以以自由谈判的价格出售给任何目的的使用者，农民能看到水的经济价值，因此在保证灌溉用水的前提下，改善灌溉技术，多余水量用于交易，提高了用水效率[24]。智利水权制度也存在一些问题：政府不提供水转移的基础设施，也没有监管和培育社区组织，没有为水权交易的发展构建一个合适的制度环境。供水公司倾向于修复陈旧管道系统，以减少漏水减少购买额外的高额水权，导致水价波动很大，农户收益很小。水短缺时，非消耗性用水者具有向公共消费放水的义务，降低了水质，导致环境恶化，农村和城市之间的用水竞争日益恶化。

4. 日本水权制度

在日本，江河水属于国家，按照水田用水制定“贯行水权”。从江河取水、用水需要得到政府机构的许可（即“许可水权”）。日本的水权遵循谁先占有就属于谁的原则，但遇到特殊情况时（例如干旱气候），需要经过相关部门根据实际情况进行协商来确定优先权[25]。在日本，水权虽然是一项财产权，但是必须要河川管理者同意后才能将水权有偿转让给其他用水户，禁止私自进行交换[26]。日本按照水的不同用途进一步细化水权，如果城市部门想把农业上剩余的水量转作其他用途，可以投资农业灌溉设施，使农业用水得到高效利用，通过灌溉水权的转化把节约下来的灌溉水转作其他用途。

5. 英国水权制度

私人领地内的河流及水库蓄水属于私有财产，其余河流水属于公共所有，无论是地表水还是地下水的使用权，都归地表水岸边的土地占有者或地下含水层的土地占有者所有，实施滨岸权制度[27]，但水权可以转让和继承，用水户可以通过水权转让调剂水量的余缺[28]。

国外的水权制度无论是滨岸权、优先占用权还是公共水权都是根据本国的水情制定的，有各自的优点，但随着经济的发展，会不断涌现出新的争水矛盾，需要在实践中不断完善，处理好与水资源相关的各种关系，做到人水和谐，提高水资源的综合利用效率。

1.2.1.2 国内水权制度的发展概况

在新中国成立以后，我国较长时期实行的是计划经济，水资源归国家所有，因此如何使用分配水资源都由国家决定，可以认为是一种水权制度，但这种划分并没有多少实际意义。改革开放以后，随着经济的迅猛发展，生产、生活和生态等各方面对水资源的需求量都相应增加，而水资源的总量有限，不能使各方面的需求都得到满足，出现水资源的供需矛盾[29]。对于这种情况，我国开始强化水资源管理，建立与水权相关的制度，开始在一些大的流域进行水资源分配[30]。郑通汉认为可通过宏观、中观和微观三个方面进行大规模的水权制度建设，解决制度原因造成的水资源制约经济和社会发展的问题[31]。田圃德等从水资源利用程度、经济价值、管理体制、相关政策、用水者之间、社会进步等方面考虑，结合黑河流域分析了水权创新的诱导因素和潜在效益[32-34]。周兴福结合黑河梨园灌区总结了水权制度创新的经验[35]。

汪恕诚 2000 年 10 月 22 日在中国水利学会第一届学术年会暨七届二次理事会上，从适应国民经济和社会发展角度出发，阐述了水权和水市场理论，提出了在市场经济条件下实现水资源优化配置的新思路。此后我国水权制度迅速发展，由取水许可、水量分配等相关制度支撑的水权制度建设较为成熟。2002 年新修订的《中华人民共和国水法》规定了农民集体经济组织对其所有水库、水塘中的水的使用权，设定了取水权。2005 年 1 月 11 日，水利部颁布了《水权制度建设框架》，明确了水权制度的组成，把与水权有关的问题从行政管理角度进行了分类[36]。2006 年《取水许可和水资源费征收管理条例》出台，完善了取水权配置机制。2007 年颁布的《中华人民共和国物权法》将取水权纳入用益物权范围。2009 年，回良玉副总理在全国水利工作会议上首次明确提出了实行最严格的水资源管理制度，水利部长陈雷在全国水资源管理工作会议上对最严格的水资源管理制度做了进一步的阐述和部署。党的十八大报告以及 2011 年中央一号文件、2012 年国务院三号文件进一步将实行最严格水资源管理制度上升为党中央国务院的战略决策部署，并明确将水权制度建设作为实行最严格水资源管理制度的重要内容。

党的十八届三中全会作出的《中共中央关于全面深化改革若干重大问题的决定》对深化水利改革提出新要求，要求水利加快建立水权制度，培育和规范水市场，提高水资源利用效率与效益。我国在推进水权制度建设的过程中还面临着许多问题，主要是认识有分歧，制度不健全，实践不充分，基础较薄弱。

1.2.2 国内外 ET 研究概况

ET 最早用于农业用水管理，农田生态系统的耗水主要有土壤的蒸发、植株蒸腾量。ET 的大小受到例如气候条件、土壤的湿润程度、植被等因素的影响[37]。国际上在对水资源进行评价、对作物的需水量进行计算时通常把 ET 作为理论基础，作为水资源分配和水环境评估的依据。国内外对 ET 的研究成果丰富[38]，ET 的监测和总量控制对于水资源短缺的流域内水资源的调配管理与可持续利用具有重要意义[39]。

目前 ET 的计算已进入标准化和普适性阶段[40]，但由于各种方法具有不同的适用条件，根据研究区域选择最合适的公式有一定的难度。

1947 年 Blanney 和 Eriddlewo 在对美国西部地区作物需水进行估算的过程中，发现当土壤水分供应充足时，ET_0会随着日平均温度及每日昼长小时数占全年白昼小时的百分数而变化[41,42]。1948 年 Penman 提出的潜在蒸腾蒸发量演变成为 ET_0[43]，1965 年 Monteith 提出了以能量平衡和水汽扩散为理论基础的 Penman－Monteith[44]。在 1989 年、1990 年 Allen 和 Jensen 分别比较了当时所有关于 ET_0计算的各种方法[45,46]，认为各种计算方法中最好用的是 Penman－Monteith 公式。

龚元石[47]、刘钰[48]、张文毅[49]等利用 Penman－Monteith 公式与 Penman 修正公式分别对北京地区、河北北部地区、新疆塔里木盆地和陕西关中中部地区的 ET_0进行了计算和系统对比分析，虽然计算结果有一些误差，但这两种计算方法在国内得到广泛应用。

随着遥感技术的出现和发展，利用遥感技术估算 ET 值成为 ET 研究领域的重要分支。20 世纪 60 年代初国外出现了利用手持红外测温仪测量估算蒸发量的研究[50]。1973 年 Brown 和 Rosenberg 利用热红外遥感温度，根据能量守恒和作物抗阻原理建立了作物抗阻蒸散模型[51]。1977 年 Jackson 等人利用地表热平衡方法，反演地表温度来确定实际蒸发量。进入 80 年代末，随着 TM 等新型传感器的应用，遥感技术进步，遥感 ET 也得到了发展。Bastiaanssen 和 Menenti 在估算埃及西部沙漠地区的地下水分损失量时，进行了基于 TM 影像的地表特征值的反演，得到了地表反射率、归一化植被指数和地表温度用以估算水分损失量[52]。1994 年 Ottle 和 Vidal－Madjar 将遥感 ET 引入水文学模型，提高了水文模拟的精度[53]。

国内的遥感 ET 研究相对较晚。1984 年钟强开始对地表反射率、植被指数等特征参数的遥感反演研究[54]。1995 年王介民等基于 Landsat 影像对复杂地表的陆面过程分析，在黑河大量实验的基础上提出了蒸散发量估算方法[55]。2001 年陈云浩等利用 NOAA/AVHRR 资料建立了蒸散发计算模型，对中国西北 5 省区的蒸散量进行了计算[56]。2009 年彭致功等利用分类均值法构建作物水分生产函数，考虑耗水较低兼顾水分生产率较高的原则，以遥感 ET 数据为基础建立了作物 ET 定额估算模型[57]，此模型适用于水资源比较脆弱的地区。

随着遥感技术的迅猛发展，将遥感监测到的数据与地面监测的气象、水文等数据相结合，这样通过 ET 进行估算的适用范围更广[58]。根据遥感 ET 的结果，对区域中种植结构不合理的部分进行调整。

ET 管理的理念：从促进整个区域社会经济持续发展角度出发，在不突破区域的最大可消耗水量即区域目标 ET 的前提下[59]，通过调整自然界水和社会水在循环过程产生的 ET，提高整个区域用水效率，减少无效蒸发，保障水资源动态平衡。ET 管理是实现真实节水、提高水资源管理能力和水平的主要手段。

1.2.3　国内外非常规水源利用研究概况

开发利用非常规水源已有很久历史，在水资源短缺、供需矛盾明显的情况下，要解决农业用水紧缺的问题，必须改变观念，利用非常规水源来缓解水资源短缺。

1. 污水利用

利用污水灌溉的历史已有近百年，美国 50 个州中有 45 个州利用污水进行灌溉。许多发达国家的污水灌溉历史较久，相关研究也比较多，安全利用污水灌溉的技术已基本成熟[60]。

20 世纪 50 年代起我国在北京、西安等大城市附近开始大规模的污水灌溉，至今已有半个多世纪的历史，随着人们环境保护意识的不断提高，用于灌溉的污水水质也不断改善。最初人们只考虑到污水灌溉不仅能使农业增产增收，又能解决废水排放问题，而没有考虑对环境的影响。随着农业用水量日益紧张，污水排放量增加，污水灌溉的面积也不断增加，大部分废污水没有经过处理就直接用于灌溉。未达标的污水灌溉对水体、土壤和农作物造成污染，逐渐引起人们关注。1972 年的全国污灌会议制定了污水灌溉暂行水质标准，标志着污水灌溉的发展进入积极慎重的发展阶段。我国的污水灌溉主要分布在水资源相对短缺的北方地区[61]，主要目的是解决农田需水，既能满足农业水肥要求，又能有效地减少排污，防止污染，保护水资源和水环境与生态环境。科学地利用污水灌溉，正确制定灌溉制度，例如：小麦、玉米利用污水灌溉时应以污水作为底水，掌握好不同生长期的需肥量与需水量，并根据土地肥瘠、作物生长情况，确定灌水次数和灌水量，每次灌水后注意松土保墒。据统计，污水灌溉旱田一般可增产 50%～150%。因此，科学合理的利用污水灌溉是解决农业水资源不足的一条有效而前景广阔的途径[62]。

2. 微咸水利用

国外利用微咸水进行农田灌溉的历史较早，以色列通过咸水稀释方法，采用滴灌进行农田灌溉[63]，印度研究利用稀释的海水进行灌溉。而我国拥有丰富的微咸水资源，20 世纪 60、70 年代开始微咸水利用的研究[64]。王全九等针对西北地区微咸水利用，探讨了微咸水灌溉对土壤水盐分布和作物产量的影响[65]；马文军等在位于河北曲周的中国农业大学曲周试验站进行了微咸水灌溉的定位试验，研究了微咸水灌溉对土壤环境以及作物产量的影响[66]。各地实践研究证明：一定盐分含量的微咸水可以用作农业灌溉水源，只要选择合适耐盐作物和非耐盐作物进行合理的换茬轮作，完善农田排灌系统，采用合理灌溉的方式，根据作物不同生育期采用含盐量不同的水分进行灌溉，咸淡交替灌溉，就不会对土壤性质和作物产量造成太大影响。微咸水灌溉试验表明，与旱作相比，利用微咸水灌溉可不同程度地增产[67,68]。因此，合理利用微咸水灌溉可以缓解部分地区的用水紧张[69]。

1.2.4　国内外农业高效用水现状

1.2.4.1　国外农业高效用水现状

以色列是一个水资源十分匮乏的国家，60%土地属于干旱或半干旱地区[70]，全国非常重视节约用水，通过发展规模化高效农业来解决水资源缺乏的问题。

（1）以色列通过灌溉设备来实现水资源的高效利用。喷灌和滴灌的应用极大地提高了水资源的利用率，滴灌直接供水到植物根系，减少了水蒸发损失，滴灌技术可节水 35%～50%，使农业用水效率达到 70%～80%，为全球最高水平。20 世纪 90 年代初期，以色列 60%以上的灌溉面积使用滴管系统，10%采用微灌，5%采用移动管线，还有 25%采用可移动喷灌系统。

（2）通过研究主要作物的灌溉制度提高灌溉水的有效性[71]。

以色列研究通过改变蒸腾蒸发量使作物产量增加，提高了单位蒸腾水的作物产量。以色列大力发展灌溉工程节水、农业节水和管理节水，提高了灌溉水的有效性，使灌溉水中蒸腾比例有了较大的增加，水分利用系数已接近 0.9。由此可见，节水明显减少了以色列全国的单位面积的供水量，缓解了水资源供需矛盾，也大幅度地提高了单位面积的产量和单位灌溉水量的生产效率[72]。以色列通过开发新水源，保证满足不断增长的农业用水。例如：全国 70%的污水经过处理用于农业灌溉[73]；积极开发利用微咸水或咸水。

美国水资源总量丰富，人均占有量居世界前列，但美国并未忽视节约用水。美国是世界上重要的农业国家之一，农业发达，在农业节水灌溉方面有许多先进的经验。美国认为低压管道灌溉是投资最省、节水最有效的灌水方式。

另外，美国喷灌面积增长也较快，约占灌溉面积的34%。通过改善作物供水状况、制定灌水方案来达到节水效果，真正做到了按需灌溉、精量灌溉[74]。

澳大利亚的水资源相对短缺，气候干旱且蒸发量大，属于世界上最干燥的大陆之一，全民节水意识强。目前喷滴灌已占澳大利亚全国灌溉面积的20%。为了加快田间灌水速度、减少渗漏蒸发损失，采用激光机械平整土地，田间节水效果与喷灌相近。将滴灌带埋入作物根部，灌溉时水从孔口缓慢地渗向四周土壤，相比滴灌能更有效地减少蒸发损失，其水、肥有效利用率几乎接近100%。

日本位于湿润气候区，虽然不缺水，但日本居安思危，为了有效利用水资源，全国约30%农田利用了管道灌排系统，推广喷灌。日本从1965年起重视管理节水措施，强调水的重复利用，根据地带和不同用水形态，结合农户实际用水情况来确定作物需水量和灌溉需水规律[75]。

1.2.4.2 国内农业高效用水现状

我国是农业大国，地域辽阔、气候多样，降水量年内分配与年际变化大；而且水资源的空间分布也极不均匀，南方地少水多而北方地多水少；农业用水量大，目前农业用水量大约占全国用水总量的62%左右，但是，其中真正被农作物用到的还不到30%，大量的水在灌溉过程中蒸发。这些条件决定了灌溉在农业发展中的特殊地位，随着经济的发展，为了满足农业用水的需求，我国农业高效用水研究取得了很大进展，高效利用有限的水资源发展农田灌溉。

从20世纪50年代开始，我国展开节水灌溉技术研究。通过土渠衬砌来减少输水过程中的渗漏损失；通过平整土地、大畦改小畦加快水流速度；通过计划用水按方收费来减少大水漫灌的节水灌溉技术广泛应用于农业生产中，提高了水的利用系数。另外，一些地区结合自身的实际情况采用喷灌、微灌等先进技术。80年代初新疆在地膜棉栽培技术中采用了膜孔灌（膜上灌试验改进发展而成的一种局部灌溉方式），相比传统地面灌溉节水30%～50%，这种灌溉技术在新疆大面积推广。80年代到90年代初，低压管灌技术在全国范围内推广，低压管灌具有节水、节能、省地等优点，可以使输水的利用率达97%以上。

90年代后新的节水理念得到发展。山东省桓台县水资源紧缺，实施综合节水措施后，地下水采补基本平衡，总耗水量减少，水分利用效率逐年提高，节水后平均单位面积粮食产量也逐年提高。1994—1997年北京南邵乡按清华大学制定的科学喷灌制度进行田间灌溉，使冬小麦总耗水量由以前采用传统灌溉时的450～520mm减至286～308mm，水分生产效率达到2.30～2.43kg/m^3。河南省清丰县试验区通过适量控制供水量，使无效ET较少，在产量基本持平的情况下，平均净耗水量减少了30.5%。西安理工大学结合我国实际情况，在国内率先开展了浑水波涌灌溉理论与技术研究，克服了传统地面灌水方法的缺点。

我国分别从基础理论、节水技术、节水设备等方面提高农业高效用水，在体系集成模式与示范区建设等方面取得了较大进展[76]。在“九五”期间，由全国科研院所、大专院校、生产企业等组成的科研队伍，在科技部会同水利部、农业部、中国科学院等行业主管部门的组织下，开展农业节水技术攻关，并将其转化为生产力，促进科技产业化发展。“十五”期间为了突破在农业高效用水发展过程中遇到的“瓶颈”问题，经国家科教领导小组批准，2002 年科技部、水利部、农业部联合启动实施了重大科技专项“现代节水农业技术体系及新产品研究与开发”，并将其列入 863 技术研究发展计划。通过专项研究，使农业高效用水的理论和技术水平都得以提高，通过新的农业高效用水产品的推广使用促进农业高效用水[77]。根据现代农业高效用水技术发展趋势与特征，构建适合中国国情的现代农业高效用水技术体系[78]。提高灌溉水利用率，调整农业种植结构，使有限的水资源得以充分利用[79]。

2014 年 7 月 31 日，水利部部长陈雷在《求是》中讲到：全面建设节水型社会，着力提高水资源利用效率和效益。农业高效用水有几个方面：一是全面提高灌溉技术，高效利用水资源，减少在用水过程的浪费；二是调整种植结构，发展旱作节水农业；三是加快非常规水源的开发利用；四是抓好重点灌区的节水改造工程，实施规模化高效节水灌溉工程[80]。

2014 年起，在国家大力支持下，河北省邯郸市、邢台市、衡水市、沧州市在地下水超采区开展了地下水超采综合治理工程，实施项目包括农艺节水、种植结构调整、退耕还林还湿、井灌区高效用水、地表水置换地下水、机制体制节水等。

农业高效用水在总量有限的条件下，通过提高灌溉水利用率和利用效率、水资源再生利用率、完善高效节水灌溉制度等措施挖掘节水潜力，减少水资源的浪费[81]。

1.2.5 国内外水资源优化配置研究概况

1.2.5.1 国外水资源优化配置研究概况

早在 20 世纪 40 年代国外已经开始对水资源优化配置进行研究，美国学者 Masse 研究水库优化调度问题时，利用系统分析方法，将水资源优化配置作为研究目的[82]。50、60 年代计算机技术发展，在水资源优化配置研究过程中引入系统分析理论、优化技术，优化配置应用研究不断发展。1953 年美国陆军工程师兵团通过水资源模拟模型解决了密苏里河流域水库运行调度问题[83,84]。1962 年出现了大量的关于运筹学应用的文献，为水资源优化配置奠定了基础[85-89]。1971年Joeroes将线性规划用于Baltimore的多水源供水方面[90]。1972年N. Buras所著的《水资源科学分配》一书，对水资源分配理论和方法进行了系统研究[91]。1973年，Dudley和Burt采用动态规划方法对灌溉水库的水资源进行管理[92]。1974年Becker和Yeh进行了水资源多目标问题研究[93]。1975年Haimes在研究如何将地表水库、地下含水层的水资源进行联合调度时，提出了应用多层次管理技术[94]。1976年印度在对其南部的Cauvery河进行规划时，Rogers通过建立多目标优化模型对水资源进行配置，选择目标函数时分别把流域上游农作物总净效益和灌溉面积都极大作为目标[95]。

随着水资优化配置理论的发展，80年代后水资源优化配置研究的范围越来越广，深度越来越深。1982年，Pearson等采用了二次规划方法对英国Nawwa区域用水进行优化配置[96]。1984年Peter等探讨了水资源多目标分析中的群决策问题[97]。1987年Willis求解了一个水库与地下水含水层的联合管理问题[98]。

由于水资源短缺，人们对水资源保护意识不强造成水污染，90年代以后，单纯以水资源量为优化配置的模式已经不能满足当前水资源条件的需求，开始出现结合水资源质量的优化配置研究，将水资源可持续利用、环境效益、水质条件等因素都列入优化配置考虑范畴。[99]。1992年Afzal等针对巴基斯坦某个地区的劣质地下水和有限运河水可供使用的灌溉系统，为使不同水质的水量能够得到充分利用，建立了线性规划模型[100]。Fleming等以经济效益最大为目标，建立了地下水水质水量管理模型[101]。1997年Percia等根据以色列南部Eilat地区的不同用水部门对水质的不同要求，结合多种水源的实际情况，将污水、地表水、地下水等多种水资源产生最大经济效益作为管理目标，建立了综合管理模型[102]。1999年Sasikumar等考虑到流域内污水排放问题，建立了模糊优化模型来解决污水排放带来的问题[103]。

20世纪末，随着科技的飞速发展，一些新的优化技术和方法随之出现，为水资源优化配置注入新的活力，加速了水资源优化配置研究。2001年Chandramouli等在水库群建模研究中利用了动态规划和神经网络方法[104]。2002年McKinney等在流域水资源配置研究中，尝试利用了GIS系统的水资源模拟系统框架[105]。2011年George等为了评估水资源在不同用途中的效益，建立了整合的水文——经济水资源优化配置模型[106,107]。

1.2.5.2　国内水资源优化配置研究概况

与国外相比，我国水资源优化配置研究相对较晚，主要因为在1949—1965年间我国水资源是按需供水而且不收水费的。1966—1978年随着水资源所有权和经营权的出现，水资源不再免费使用，出现了低价配置模式，但没有受到重视。1978年以后随着人们对水资源特性和规律认识不断深化，国内学者在理论、模型以及求解算法等方面开始对水资源配置展开大量研究，并取得了相应成果，水资源优化配置日趋成熟。

1982年谭维炎等应用随机动态规划进行水电站水库的最优调度，将此方法应用于四川水电站群[108]。1983年董子敖等针对刘家峡、盐锅峡、八盘峡、青铜峡梯级水电站水库，用随机动态规划和改变约束法，以发电量最大为目标优化调度方案，然后又以国民经济效益最大为目标选出了优化调度方案[109]。1986年张玉新等在丹江口水库发电与供水的多目标规划研究中，建立了多维决策的多目标动态规划模型，得出了发电与供水两个目标的最优权衡解、非劣运用过程及二者保证率的关系[110]。1987年吴炳方等以辽河流域五个水库联合调度为算例，应用了系统工程理论和方法，建立了以年为周期、多个目标之间遵守优先权的水库群优化调度数学模型，使水资源得到充分利用，提高了水库运行管理水平[111]。1989年阮本清等在对柳园口引黄灌区水资源进行优化调配研究时，运用规划论方法，采取渠、井结合的方法对地表水、地下水进行合理调配，提高水资源利用率，使灌区的经济效益达到最大[112]。1991年姚松岭在研究银川灌区灌溉用水模式时，采用了线性规划的方法，建立了以灌区农业生产净效益最大为目标，并适当兼顾生态环境效益的模型，确定了合理的农业种植结构，处理好地下水与地表水的关系，增加地下水利用量，控制地下水位[113]。1993年费良军等在对由梅山水库与灌区系统组成的复杂系统进行研究时，应用系统工程的理论和方法，建立了多目标、确定性的蓄、引、提、灌溉及发电水资源系统的联合优化调度数学模型，对求解模型时将逐步优化法和混合试探法进行有机结合，该模型使水资源得到充分利用，各工程的潜力得到发挥，系统取得最大的灌溉效益和综合效益[114]。1996年沈菊琴等针对潘庄灌区水资源供需矛盾和特点，以现有条件下水资源分配、作物布局为基础，以灌溉净效益最大为目标，建立了多个约束方程的大型拟线性规划模型，根据Dantzoin- Wolfe分解原理，采用分解协调的方法对模型进行求解，取得满意结果[115]。2001年结合计算机在各领域的广泛应用，在解决水资源优化配置问题过程中遇到的相对复杂的问题时，王文林等提出了水资源优化配置决策支持系统集成方法[116]。2007年赵勇等开发的广义水资源合理配置模型，采用不同尺度模塑之间分解和聚合的信息交互方式，实现了区域水量-水环境-水循环过程的动态配置与模拟[117]。2013年侍翰生等在进行河-湖-梯级泵站系统水资源优化配置研究时，采用了动态规划与模拟退火算法[118]。褚钰在对流域水资源进行优化配置的时，把用水主体满意度作为配置的原则之一[119]。

近年来随着一些智能优化方法出现，GIS，RS和GPS技术从数据采集、存储、管理、分析方面为水资源的决策提供技术支撑，加速了水资源优化配置的研究[120]。

1.2.6　ET管理、水权分配、水资源优化配置研究存在的问题

根据目前水资源优化配置在国内外的发展状况来看，其优化配置研究可以概括为四个阶段：探索阶段—发展阶段—成熟阶段—完善阶段。从水资源优化配置的各阶段来看，虽然已经取得了很多有价值的成果，但是，随着社会经济发展，水资源的需求量不断增加，而水资源量短缺、水污染加剧的现实，导致对水资源优化配置的要求越来越高，优化配置过程中要考虑的因素越来越多。如果生产、生活和生态没有水资源，后果都将无法想象，由于水资源涉及的面较广，相对比较复杂，面对复杂的水资源优化配置对象，现有的研究还存在一些问题。

(1) 注重可控水资源，较少考虑不可控水资源。降水形成的地表径流、地下径流是可控水资源，未形成径流的降水是不可控水资源。在以往的区域水权分配和水资源配置过程中，只注重考虑可控水资源的水权分配和优化配置，较少考虑或忽略不可控水资源的水权分配和优化配置，其结果只能反映区域的取用水量，不能完全反映区域的消耗水量。在今后的优化配置研究中，应充分考虑可控水资源地表水、地下水、再生水的相互转化关系，以及可控水资源与不可控水资源之间的相互转化关系，以ET管理为核心、区域最大水资源可消耗量为准则，进行区域多水源联合调控及优化配置。

(2) ET管理理念在水资源优化配置中应用较少。以往的水资源优化配置较多注重传统方法，如动态规划、线性规划、非线性规划、模拟技术和一些新的智能的优化方法（遗传算法、人工神经网络、禁忌搜索等），在复杂的优化配置中显示了优越性。但是，以ET理念为准则的水资源优化配置的研究较少。ET管理理念是从根本上控制用水，使区域耗水量不超过区域可利用水资源量。应充分考虑各种水体之间的相互转化关系，以及可控水资源的以丰补歉，构建以ET为中心的水平衡机制，分别建立丰、平、枯水年的目标ET，以及与之协调的地表水、地下水水权分配指标，形成具有可操作性的区域水资源总量控制体系。

(3) 水质考虑较少，非常规水源的安全利用重视不够。在经济发展过程中，各行各业用水量增加的同时，污水排放量也增加，而水体的纳污能力是有限的，由水资源带来的危机中水质的问题可能要大于水量问题。不同用水户对水质的要求不同，在优化配置过程中结合水质对不同用水户进行配置的研究相对较少，而如果仅考虑水量不考虑水质，是没有实际应用价值的。今后的优化配置研究应充分考虑水质的问题，基于非常规水源的安全利用技术，实行水质水量联合优化配置，使社会经济在良性循环机制下达到可持续发展。

(4) 生态环境没受到重视。生态环境是人类生存与发展的基础，而水资源对生态环境至关重要。然而，人们在追求社会效益时，往往只考虑直接影响经济的工业、农业和生活对水资源的需求，而忽视了生态环境对水资源的需求，通过挤占生态环境的用水来满足工业、农业和生活用水，这样做的直接后果是：虽然经济有所增长，但由于生态用水得不到满足而导致生态环境恶化的后果，是很难用经济来衡量的，环境的恶化也会直接影响社会经济的可持续发展[121]。因此，今后的水资源优化配置研究要综合考虑社会、经济、资源和生态环境等各方面的因素，并充分考虑各用水行业的节水和高效利用措施，要合理开发利用水资源，使社会经济和生态环境协调发展。

1.3 研究主要内容

本书在研究国内外 ET 和水资源优化配置的基础上，针对研究区水资源面临的严峻形势，以 ET 管理理念为出发点，探讨了研究区域可利用水资源总量的控制技术；研究水资源总量控制下的地表、地下用水量在时程与空间上的分配方法，水资源高效利用技术；基于 ET 管理理念对地下水超采区进行农业用水结构体系及水资源优化配置研究，为地下水超采区实行最严格的水资源管理提供技术支撑。

主要研究内容如下：

(1) 根据研究区域的自然地理、水文气象、河流水系、水利工程和社会经济情况，分析计算各种水资源量及现状可供水量；根据现状水平年用水水平，分析预测现状年各行业需水量；进行现状水平年供需平衡分析，探求区域现状水资源在供水和需水方面存在的矛盾，揭示研究区域水资源在现状开发利用中存在的问题。

(2) 依据 ET 管理理念，科学分配地表、地下水可利用量，探讨分区分级水资源开发利用总量控制技术。在各行政分区水资源评价基础上，结合丰、平、枯水年的降水以及地表水、地下水的补排关系，分析确定现状水平年全区及各分区的多年平均、丰水年、平水年、枯水年的目标 ET；研究与目标 ET 分配相适应的地表水、地下水分配方法，建立分区分级水资源利用总量控制指标体系。

(3) 结合国内外农业节水和水资源的高效利用技术，针对研究区域的农业用水，从农艺、工程、管理等方面出发，寻求高效利用水资源的方法，提高农业用水效率。基于灌溉试验，针对不同作物，提出不同的、行之有效的节水灌溉方式及灌水定额，以及再生水、微咸水和咸水的安全利用技术及适宜模式。依据各行各业水资源配置原则及高效利用准则，重点探讨农业用水结构体系，为多水源联合配置提供科学依据。

(4) 根据研究区域的水利工程条件、常规水资源和非常规水资源安全利用模式，进行了规划水平年的供水预测；依据经济社会发展规划和节水与高效用水技术措施，对2025规划水平年的生活、工业、农业及生态环境需水量进行预测；进行丰、平、枯水年的水资源供需平衡分析，确定规划水平年各行政分区的目标ET。

(5) 以水权管理为核心、水资源高效利用为准则，结合区域地表水、地下水的相互转化关系，以及不同区域不同水源在年际年内的以丰补歉措施，进行区域多水源联合调控及优化配置；构建了以ET为中心的水平衡机制，为合理开采地下水、保持地下水动态平衡、保障区域水资源可持续利用、构建与水资源承载能力相协调的经济结构体系和水权管理体系提供技术支撑。

第2章 研究区域概况

为了更好地探讨基于ET管理的地下水超采区水资源优化配置的关键技术、控制体系、利用模式和管理措施，本书以邯郸市东部平原为研究区域。邯郸市东部平原的水资源情势是：①地下水过度开采致使地下水位不断下降；②分布着相当数量的咸水、微咸水，难以利用；③引黄水与农田灌溉在时间上不匹配，卫河水、漳河水及当地雨洪时空分布不均，不能利用或不能充分利用；④多水源并存，蓄、滞、引、排水工程完备，具备多水源联合调度、合理配置、水资源高效利用的基础条件。邯郸市东部平原在华北平原具有代表性和典型性，因此，选其为研究区，为区域水资源调控技术研究提供示范和借鉴。

2.1 地理位置

邯郸市位于河北省最南部，处于太行山中南部山区向河北平原西南部的过渡地带。由于历史上黄河和漳河泛滥变迁，黄河故道和数条漳河故道穿越本区，因而形成平原、缓岗、浅平洼交错的地形地貌。平原区域整体地势平坦，地面高程由西南部的95.8m逐渐降到东北边缘的34m，地面坡度在0.02%～0.04%之间。

邯郸市东部平原地理位置优越，交通便利。邯郸平原区有15个县（区），包括邯郸市三区（复兴区、丛台区和邯山区）、永年区、大名县、馆陶县、邱县、鸡泽县、曲周县、肥乡区、广平县、魏县、成安县、临漳县的全部及磁县的部分区域，总面积7996km^2，约占邯郸市总面积的63.0%。

2.2 水文气象

邯郸市气候属于暖温带半干旱半湿润大陆性季风气候，四季分明，春季干旱多风，夏季炎热多雨，秋季天高气爽，冬季寒冷少雪。邯郸市多年平均降水量536mm，东部平原多年平均降水量521.9mm。降水量时空分布不均，全年降水量的70%～80%集中在6—9月，其中又主要集中在7月下旬和8月上旬，主要特征是年际之间的变化悬殊，西部山区降水量相对较多，东部平原区降水相对较少。

邯郸市径流量与区域降水量情势相同，时空分布极不均匀。一年之内，只有7月下旬和8月上旬的极少数场次较大降水形成径流，年际之间的径流变化更为悬殊；西部山区径流量相对较多，东部平原区径流量相对较少。研究区域（邯郸市东部平原）内降水和地表径流相对均匀。

2.3　河流水系

邯郸市辖区内的河流均属于海河流域。主要行洪河道有漳河、卫河、卫运河、滏阳河、洺河、支漳河分洪道、留垒河七条，平原排水河渠主要有老沙河、老漳河、马颊河等。按其流入下游主干河道的去向，分属于4个河系：

（1）漳卫运河水系。有漳河、卫河、卫运河，在邯郸市流域面积3620km²，占全市总面积的30%，建有邯郸市最大的岳城水库。

（2）子牙河水系。主要是滏阳河，包括其支流洺河、牤牛河、留垒河及支漳河分洪道等，在邯郸市境内流域面积5367km²，占全市总面积的44.5%。

（3）黑龙港水系。境内主要河流有老漳河、老沙河，为平原排水河道。支渠有卫西干渠、沙东干渠、王封干渠和西支渠等。流域面积2695km²，占全市总面积的22.4%。

（4）马颊河水系。境内流域面积365km²，占全市总面积的3.0%，全部位于平原区。马颊河以排泄汛期沥水为主，位于大名县东南部，卫河东侧。

2.4　水利工程

1. 蓄水工程

邯郸西部山区可向东部平原供水的蓄水工程有大型水库2座，平原区建有蓄水闸涵39座和坑塘21座。

岳城水库总库容13亿m³，主要任务是防洪、灌溉、城市供水并结合发电。入库径流产自山西省和邯郸西部山区的漳河流域，经水库调节，通过河北省民有渠、河南省漳南渠向邯郸、安阳两市供水。

自20世纪60年代以来，岳城水库上游漳河沿岸分别修建了红旗渠、跃进渠、大跃峰渠、小跃峰渠等四条大型引水渠道，在漳河两岸形成了四大灌区，其中邯郸市大跃峰渠、小跃峰渠引漳河水供农业灌溉、水力发电，余水入东武仕水库。

东武仕水库是一座以防洪和供水为主，兼顾灌溉和发电等多种功能的大型水利枢纽工程，总库容1.62亿m³，担负邯郸市供水任务。

研究区域内蓄水工程以闸涵和坑塘为主，总蓄水能力 0.44 亿 m^3。水闸主要位于滏阳河、卫河河道的干、支流上，以及东风渠、民有渠等渠道的干、支渠上，起泄洪、排沥、节制、引水灌溉等作用；坑塘分布在平原区各县，可蓄存当地雨洪、引蓄河水及引黄水。

2. 南水北调工程

南水北调工程在邯郸共设 6 个分水口，总干渠以东为南水北调受水区，包括主城区和东部 13 县，控制面积 $7384km^2$，占全市面积的 61.3%。南水北调供水工程每年分配给邯郸市的水量为 3.52 亿 m^3，主要作为城区生活、工业用水和东部平原区各县生活用水。南水北调配套工程包括输水管道 429.6km、建筑物 71 座，水厂 17 座及城镇供水管网 451.3km。

3. 引黄工程

引黄入邯工程在邯郸市魏县第六店村穿卫河入冀进入东风渠。引黄工程供水范围包括魏县、大名县、馆陶县、广平县、肥乡区、曲周县、邱县、鸡泽县等 8 个县（区），共 30 多个乡镇，用于农业灌溉、生态用水及补充地下水。

4. 灌区工程

研究区有大中型灌区 9 处，其中大型灌区 2 处，中型灌区 7 处，总设计灌溉面积 388.79 万亩，有效灌溉面积 272.79 万亩，大型灌区主要以岳城水库和东武仕水库为供水水源，中型灌区主要以卫运河和东风渠（引黄水）等地表水为供水水源。

5. 地下水供水工程

地下水供水工程是研究区工业、生活、农业用水的重要供水工程，根据《河北省水利统计年鉴 2016》，邯郸平原区拥有机井 21.5 万眼，其中规模以上机电井 8.95 万眼。研究区工业、生活用水情况：除市区、磁县利用部分地表水外，其余各县主要由机电井工程提供地下水。

2.5 社会经济

邯郸市具有优越的地理位置，资源优势十分明显，因而经济发展较快。邯郸市西部地区蕴藏着丰富的矿产资源，是华北地区著名的煤和高品位铁矿石产区；平原区土地肥沃、日照充足，农业综合生产条件优越，盛产各种农产品和经济作物，是华北平原粮、棉、油的高产区之一，素有“北方粮仓、冀南棉海”之称。

邯郸市是轻重工业同时发展的工业城市，生产门类比较齐全，涵盖了冶金、机械、化工、电力、纺织、医药、食品、卫生等各个方面。

1. 人口

根据2016年《邯郸统计年鉴》统计，研究区域共辖有磁县、永年区、复兴区、邯山区、丛台区、临漳县、成安县、魏县、广平县、肥乡区、曲周县、鸡泽县、邱县、大名县、馆陶县15个县（区）。截至2015年研究区域常住总人口737.45万人，其中城镇人口367.78万人，农村人口369.67万人。

2. 生产总值

2015年研究区域GDP为2177.70亿元，人均GDP为28520.35元；第一产业362.07亿元、第二产业915.55亿元、第三产业900.11亿元，三产结构为17：42：41，第二产业在经济发展中占有相对重要的位置。

3. 耕地面积

2015年研究区域有效灌溉面积为760.3万亩，其中实灌灌溉面积为728.9万亩[122]。

第3章 区域水资源及开发利用现状分析

3.1 水资源评价分区

区域降水量及地表、地下水资源量的分析计算精度及合理性与水资源评价分区划分的合理性直接相关，因此，依据相关规范细则要求及分区原则，结合区域下垫面具体情况，对邯郸市范围进行了流域分区，详见表3.1。平原区按行政区划分为15个县市级分区。

表3.1　　流域分区名称及面积统计表　　单位：km^2

<table>
<tr><th colspan="2">省划流域二级区</th><th colspan="3">流域三级区</th><th rowspan="2">面　积</th></tr>
<tr><th>名　称</th><th>编号</th><th>名　称</th><th>省编号</th><th>市代号</th></tr>
<tr><td rowspan="5">海河南系</td><td rowspan="5">Ⅲ</td><td>滏阳河山区</td><td>Ⅱ2-5</td><td>Ⅰ</td><td>2655</td></tr>
<tr><td>漳河山区</td><td>Ⅱ2-7</td><td>Ⅱ</td><td>1417</td></tr>
<tr><td>滏西平原</td><td>Ⅳ2-6</td><td>Ⅲ</td><td>2721</td></tr>
<tr><td>漳卫河平原</td><td>Ⅳ2-7</td><td>Ⅳ</td><td>2209</td></tr>
<tr><td>黑龙港平原</td><td>Ⅳ2-8</td><td>Ⅴ</td><td>2700</td></tr>
<tr><td>徒骇马颊河</td><td>Ⅳ</td><td>徒骇马颊平原</td><td>Ⅳ3</td><td>Ⅳ</td><td>366</td></tr>
<tr><td colspan="3">合　　计</td><td colspan="3">12068</td></tr>
<tr><td colspan="3" rowspan="2">其　　中</td><td colspan="2">山区</td><td>4072</td></tr>
<tr><td colspan="2">平原</td><td>7996</td></tr>
</table>

3.2 降水量

3.2.1 雨量站点选择

经分析，具有代表性、一致性、可靠性的长系列雨量站共37处，其中，山区雨量站有17处，站网密度为262.8km^2/站；平原雨量站有20处，站网密度为380km^2/站。

3.2.2　降水量分析

为了能更准确地计算出研究区域内的降水量，使降水资料更具有代表性，减少抽样误差，对一些不连续或个别年份缺测的雨量站采用等值线法或相关法进行插补延长；采用数理统计法分别分析计算各行政区降水量分布特性。

1. 邯郸市行政分区降水量

根据1956—2015年60年降水资料，对邯郸市各行政分区降水量进行计算，计算成果见图3.1。

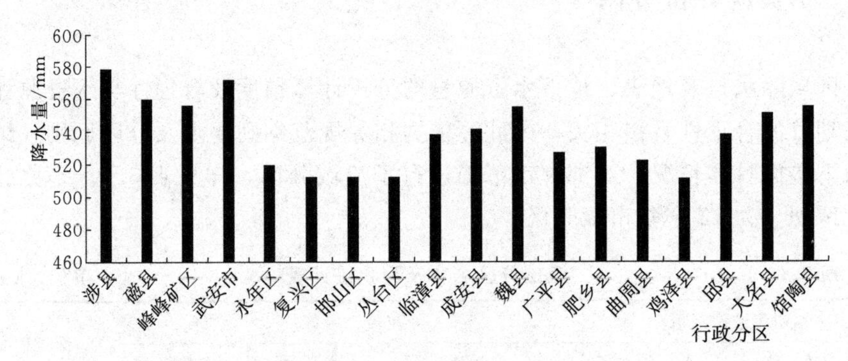

图3.1　多年平均降水量

分别对降水量进行年际变化、年内变化和时空分布进行分析。

(1) 年际变化。20世纪50年代全市处于丰水期；60年代处于偏丰水期；70年代、90年代为平水期；80年代年为枯水期；2000年以后平枯交替。

由不同类型区降水量年代变化可以看出，不同年代的降水量均是平原区小于山区，不同区域不同年代降水量均值变化见图3.2。

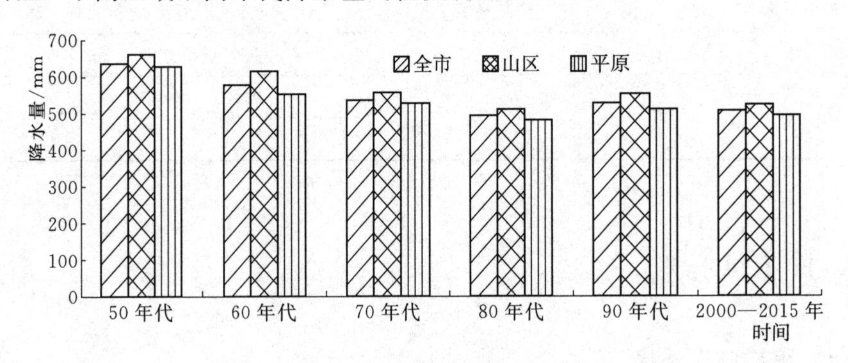

图3.2　降水量年代变化柱状图

(2) 年内变化。邯郸市的降水量在年内分配相对比较集中，各年际之间的变化较大，各地区的降水量分布非常不均匀。全年75%的降水量都集中在汛期（6—9月），而剩余的25%降水量则分布在非汛期的8个月内。

（3）空间分布。受邯郸市地形地貌和气候的影响，邯郸市多年平均降水量的空间分布总体趋势为：山区降水量大于平原区的降水量；平原区的降水量也不均匀，南部的降水量大于北部的降水量。全市降水量大多在 500.0～600.0mm 的范围内。

2. 研究区域降水量

1956—2015 年研究区域多年平均降水量为 521.9mm，不同频率降水量分别为：丰水年（$P=25\%$）605.1mm，平水年（$P=50\%$）502.8mm，枯水年（$P=75\%$）422.7mm。研究区域各行政分区多年平均降水量计算结果见图 3.3。

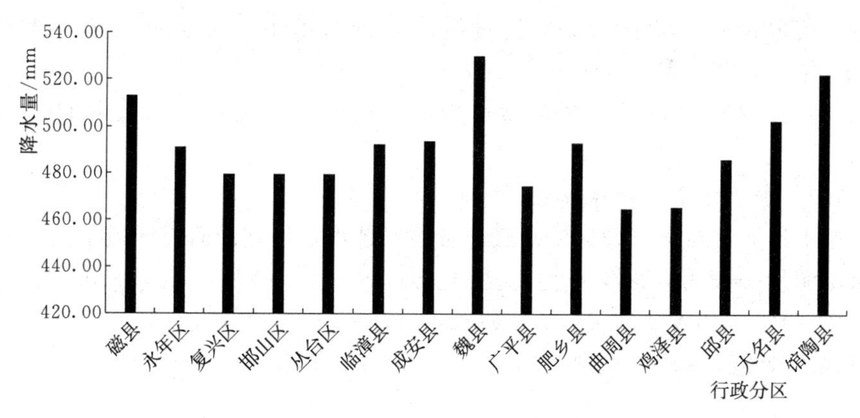

图 3.3　研究区域多年平均降水量图

3.3　水资源量

3.3.1　地表水资源量

3.3.1.1　地表水资源计算方法

由于平原区地表径流主要受降水强度和下垫面条件的影响，依据下垫面条件变化情况，将地表年径流系列分为两个时期。经分析，1980—2015 年系列可作为现状条件下的代表期，并与未来情势相一致；对 1956—1979 年系列进行修正，使其与现状代表期一致。

邯郸市平原区无代表性的平原径流测站，采用成因分析法和降水径流相关分析法计算平原区地表水资源量。

由于平原区中的主城区地表透水条件与其他区域不同，因此邯郸城区地表水资源量系列的计算，采用 $P-R$ 综合经验公式：

$$R = 0.527PI^{0.886} - 4.5I^{4.4} - 1.07 \tag{3.1}$$

式中 R——时段径流深，mm；

I——不透水面积比例，%；

P——时段降水量，mm。

公式的适用范围：$15\% \leqslant I \leqslant 86\%$，$15\text{mm} < P < 100\text{mm}$。

计算方法为：

(1) 调查或量算城区内1996—2015年的不透水面积，并用20年的平均不透水面积比例作为现状水资源评价参数。

(2) 整理城区1956—2015年系列年降水量的逐年年内次降水量资料。年内次降水量的计算原则是：非汛期根据逐日降水量表，用日降水量代替次降水量；汛期根据降水量摘录表，进行场次分割后求出次降水量，降水量大于15mm时即参加计算。

(3) 根据降水量推求径流量，累加求得的年径流，得到城区的年径流系列。

3.3.1.2 地表水资源计算成果

用上述方法对不同地区的水资源量进行计算，得到的研究区域不同频率地表水资源量分别为：多年平均1.22亿m³，丰水年（$P=25\%$）2.99亿m³，平水年（$P=50\%$）0.92亿m³，枯水年（$P=75\%$）0.48亿m³。各行政分区地表水资源量计算成果见图3.4。

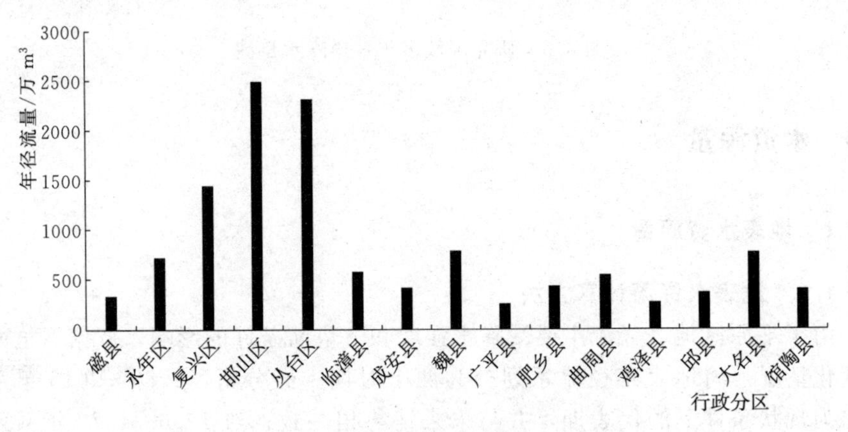

图3.4 多年平均地表水资源量

3.3.2 地下水资源量

1. 平原区多年平均地下水资源量汇总计算

受经济发展的影响，不同时代用水量也不同。在1979年以前经济发展较缓，用水量较少，1980年以后随着经济的快速发展，用水量也随之增加。为了能够更准确地反应地下水资源量，根据水均衡原理对1980—2015年的逐年总补给量和总排泄量建立均衡方程，即：年总补给量＝年总排泄量±年蓄水变量，根据此方程对1956—1979年系列进行了修正，最终使地下水资源一致。

地下水资源的补给途径很多，包括降水入渗、山前侧渗、渠系渗漏、渠灌田间入渗、井灌回归、水库（河道闸前、洼淀）蓄水渗漏、人工回灌和越流补给等，总的地下水补给量减去井灌回归以后的量就是地下水资源量。

经分析计算，邯郸市东部平原多年平均地下淡水资源量（矿化度 $M\leqslant 2g/L$）为7.70亿 m^3。矿化度在 $2g/L<M\leqslant 3g/L$ 的微咸水资源量为1.19亿 m^3；矿化度 $3g/L<M\leqslant 5g/L$ 的咸水资源量为0.94亿 m^3。邯郸市东部平原不同频率地下水资源量见表3.2。

表3.2　不同频率地下水资源量　　单位：亿 m^3

项　目	多年平均	丰水年	平水年	枯水年
$M\leqslant 2g/L$	7.70	9.78	7.06	3.38
$2g/L<M\leqslant 3g/L$	1.19	1.51	1.09	0.52
$3g/L<M\leqslant 5g/L$	0.94	1.19	0.86	0.41
合　计	9.83	12.49	9.01	4.31

东部平原区各行政分区多年平均地下淡水矿化度 $M\leqslant 2g/L$ 水资源量见图3.5。

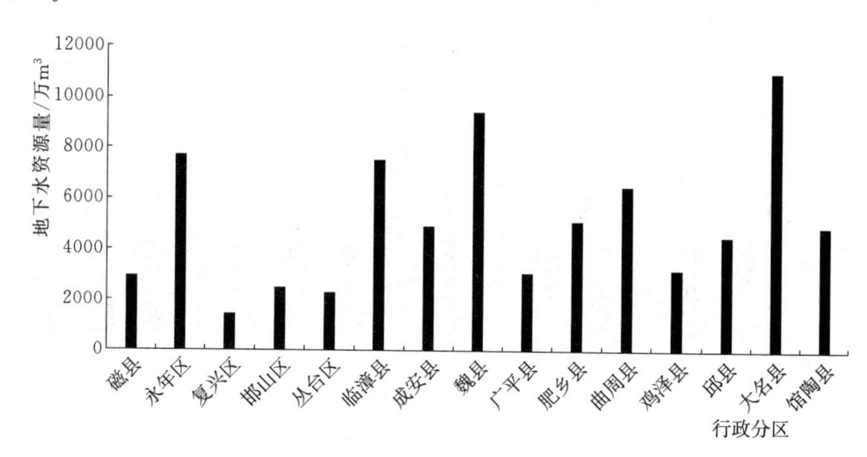

图3.5　多年平均地下淡水水资源量

2. 山区地下水资源计算

山区的地下水分布不均匀，具有方向性、分带性和分段性。但由大气降水形成的地下水，也会形成地下径流，常以泉或局部沉积层中的潜流形式出现，或排入河流，或出露为泉，补排机制较为简单。据此，按水均衡原理求出时段的总排泄量，来代表区域的地下水资源量。山区地下水总排泄量包括河川基流量、山前侧向流出量、泉水量和人工开采量。

经分析计算，邯郸西部山区河川基流量为3.13亿m^3，年平均开采净消耗量为2.26亿m^3，侧向径流流出量为0.23亿m^3，多年平均地下水资源量为5.62亿m^3。其中：滏阳河山区河川基流量为1.81亿m^3，平均开采净消耗量为1.81亿m^3，侧向径流流出量为0.12亿m^3，多年平均地下水资源量为3.75亿m^3；漳河山区河川基流量为1.32亿m^3，平均开采净消耗量为0.45亿m^3，侧向径流流出量为0.11亿m^3，多年平均地下水资源量为1.87亿m^3。

3.3.3　水资源总量

平原区的水资源总量为地表水资源量和地下水资源量的和，扣除地表水和地下水两者之间的重复部分。

通过计算，各行政分区1956—2015年系列多年平均水资源总量为8.18亿m^3，丰水年水资源总量为11.81亿m^3，平水年水资源总量为7.63亿m^3，枯水年水资源总量为3.78亿m^3，研究区域各行政分区多年平均水资源总量见图3.6。

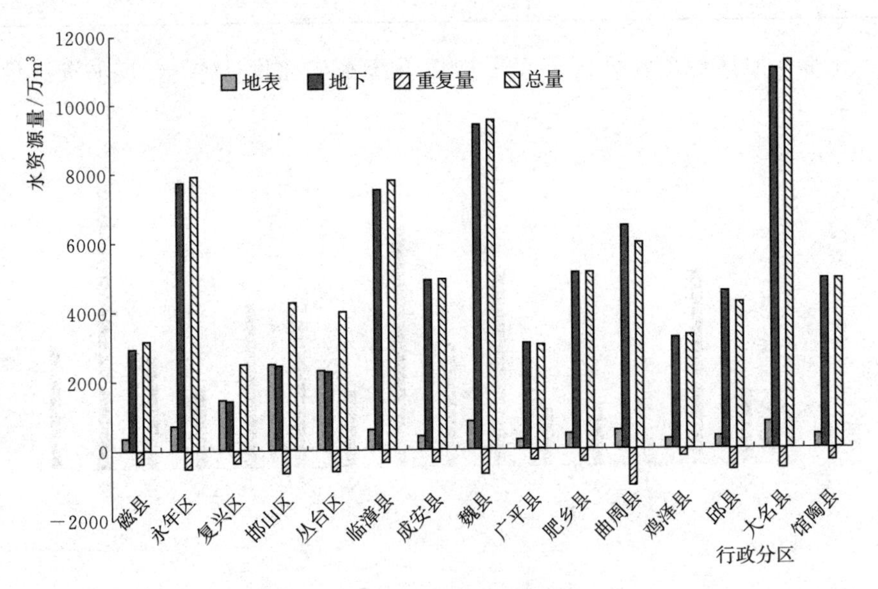

图3.6　多年平均水资源量

3.3.4　入出境水资源量

1. 入境水量

研究区域入境水量主要来自漳河、滏阳河、卫河、洺河、外调水和侧向流入的地下水。漳河水被上游引出后的水量汇入岳城水库，依据《水利部关于漳河水量分配方案的请示》（国发〔1989〕42号）文件分水原则，计算研究区域可利用水量；滏阳河水汇入东武仕水库，依据国发〔1989〕42号文件分水原则，东武仕水库可经跃峰渠引入部分漳河水，滏阳河水及引漳水经水库调节供给研究区域；卫河和洺河流入研究区域无调节水库；采用数理统计方法，分析计算研究区域1990—2015年多年平均入境水量为12.83亿m^3，其中，洺河和卫河两条河流多年平均入境水量为8.04亿m^3，但卫河水年内分配不均，枯水期水质较差，难以利用；岳城水库及东武仕水库多年平均入境水量为4.55亿m^3，多年平均侧向补给量0.23亿m^3。引黄水在2015年达到1.39亿m^3/年，2025规划水平年达到1.79亿m^3/年；2014年开始利用南水北调水3.52亿m^3/年。

2. 出境水量

研究区域的主要出境河流有卫运河、洺河、滏阳河、留垒河、老漳河、老沙河。

根据研究区域1980—2015年出境水量资料，经统计分析计算，研究区域多年平均出境水量为8.53亿m^3。其中洺河平均出境水量为0.17亿m^3，卫运河平均出境水量为7.21亿m^3，滏阳河平均出境水量为0.69亿m^3，老漳河平均出境水量为0.20亿m^3，留垒河平均出境水量为0.25亿m^3，老沙河平均出境水量为0.02亿m^3。

3.4 现状水平年供需平衡分析

3.4.1 现状年供水情况

1. 供水设施

如前所述，东部平原区供水设施主要有：大型水库2座，蓄水闸39座，坑塘21座，可调蓄入境水和当地自产水；与之配套完整的输水渠系；配套机井97798眼，可开采地下水。

从2014年开始，东部平原区开展了地下水超采综合治理试点区工程，包括农艺节水工程和高效节水灌溉工程。高效节水工程内容包括渠系、坑塘以及管灌、喷灌、滴灌等田间节水灌溉设施。截至2015年，15个县（区）地下水超采综合治理项目实施面积已达243.26万亩，其中，高效节水灌溉面积为174.80万亩，农艺节水实施面积为68.46万亩。

2. 供水量

依据《邯郸市水资源公报》，研究区域2015年实际供水量为16.95亿

m³，其中地表水供水量为 3.75 亿 m³，占总供水量的 22.15%；地下水供水量为 13.20 亿 m³（含农村生活小井供水量），占 77.84%。研究区域供水水源以地表水库水及部分地下水为主，水库水为Ⅱ、Ⅲ类水质，供水水质较好，满足集中式生活饮用水地表水水源地水质要求。地下水有淡水、微咸水，目前满足工农业用水和生态环境用水要求。2015 年邯郸市东部平原供水量情况见表 3.3。

表 3.3　现状供水量情况统计表　　单位：万 m³

项　目	蓄水工程	提水工程	引水工程	跨流域调水工程	机电井工程	总供水量
永年县	0	160	120	0	15827	16107
邯郸县	0	734	2568	0	1371	4673
磁　县	559	237	2155	0	5865	8815
临漳县	0	0	0	0	13960	13960
魏　县	0	8000	0	3141	19676	30817
大名县	0	0	1000	0	14650	15650
馆陶县	600	0	0	0	7734	8334
邱　县	600	0	0	0	6108	6708
广平县	0	0	576	0	6043	6619
成安县	0	0	678	0	11144	11822
肥乡县	0	0	265	0	9640	9905
曲周县	500	0	2200	0	9720	12420
鸡泽县	1130	0	0	0	6146	7276
主城区	0	6050	6280	0	4100	16430
合　计	3389	15181	15841	3141	131983	169536

注　邯郸市行政区划 2016 年做了调整，此处用水量仍按原区划统计。

3.4.2　现状年用水情况

2015 年，研究区域总用水量为 16.95 亿 m³，其中：农业用水为 13.00 亿 m³，占总用水的 76.65%；工业用水为 1.66 亿 m³，占总用水的 9.8%；生活用水为 2.30 亿 m³，占总用水的 13.6%。2015 年邯郸市平原区人口数为 737.45 万人，人均用水量为 226.9m³。单方水 GDP 产出为 3.5 元，单方水农业增加值为 2.4 元。2015 年研究区域各行政分区用水量情况见图 3.7。

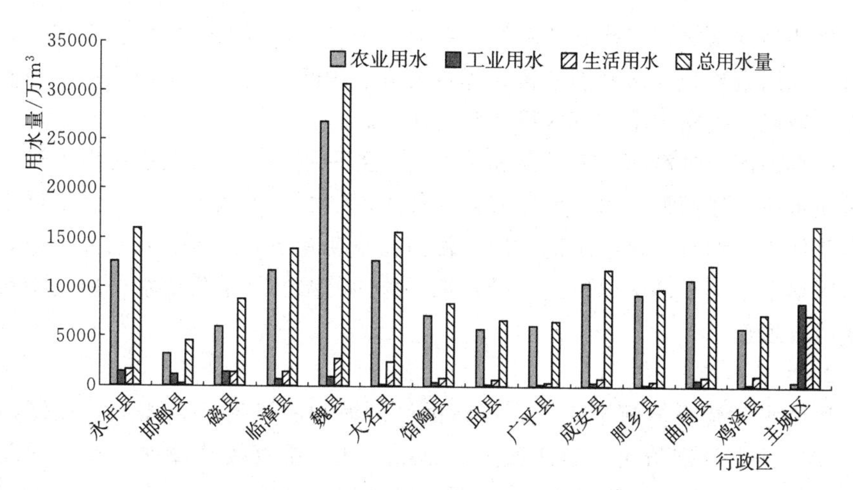

图 3.7 2015 年各行业用水量统计

1990—1995 年，邯郸市东部平原总用水量从 16.66 亿 m³ 增加到 18.37 亿 m³，1995—2010 年，邯郸市平原区的总用水量从 18.37 亿 m³ 减少到 15.17 亿 m³，2010 年后，用水量上升，增至 16.95 亿 m³。

从现状供用水情况分析，地下水供水量为 13.2 亿 m³，而东部平原的地下水资源量为 7.7 亿 m³。本区域地下水严重超采，平均每年超采 5.5 亿 m³，但仍未满足现状用水条件下的农业和生态环境的用水量。为了充分合理的分析研究区域现状水平年的水资源供需矛盾，需要依据现状年的经济结构和水资源的供水条件，预测可供水量和各行业需水量，并进行供需平衡分析，揭示水资源供需矛盾。

3.4.3 现状水平年可供水量

3.4.3.1 西部山区向东部平原可供水量

1. 山区地表水资源量计算方法

（1）漳河山区在邯郸市境内有涉县和磁县，上游为山西省长治市和晋中市。浊漳河发源于长治市，流域面积为 11000km²，在涉县汇入漳河，天桥断水文站是其入境径流控制站；清漳河发源于晋中市，流经涉县汇入漳河，刘家庄水文站是其入境控制站，入漳前有匡门口水文站；浊漳河、清漳河汇合后称漳河，汇入岳城水库，入库前有观台水文控制站，观台水文控制站控制面积为 18000km²。

（2）滏阳河山区为岩溶发育区，有滏阳河干流及其支流洺河、牤牛河，均发源于邯郸市境内。各支流同在太行山迎风坡，气候和下垫面条件基本一致，可认为该区各河流产汇流条件也基本一致。滏阳河干流及其支流洺河、牤牛河分别有东武仕水文站、临洺关水文站、木鼻水文站。

这些站的水文资料代表性较好，系列较长，满足可靠性、代表性和一致性要求。采用数理统计法分别分析计算各河流控制断面的设计年径流量，并利用代表流域或代表站推求各分区设计年径流。

西部山区通过漳河、滏阳河和洺河向东部平原区供水，在漳河出山口处建有岳城水库、滏阳河出山口处建有东武仕水库。西部山区地表水可经岳城水库和东武仕水库调节后供给东部平原，洺河在汛期有部分洪水汇入东部平原；西部山区地下水向东部平原补给途径：地下侧向补给、从羊角铺水源地使用机井抽水经管道输水。

2. 岳城水库

岳城水库建在漳河干流上，漳河由清漳河和浊漳河汇合而成，浊漳河水被河北、河南分别引用，河南通过红旗渠、跃进渠直接从漳河引水，河北通过白芟渠先引入清漳河，再通过大跃峰渠从清漳河引水；浊漳河、清漳河剩余水量汇入漳河，河北通过小跃峰渠从漳河引水，漳河剩余水量汇入岳城水库。

漳河水量分配原则为：

(1) 供水次序。优先满足沿河村镇用水，其次是四大灌区用水，渠道水电站结合农田灌溉发电。

(2) 分水宗旨。清漳河、浊漳河、漳河（以下简称“三漳河”）水量实行统一分配，统一管理，统一调度。尊重历史，面对现实，兼顾工程现状及用水现状。

(3) 分水比例。根据国发〔1989〕42 号文件精神及量化标准为准则，分水比例分为以下三种情况。

1) 灌溉季节（3—6 月、11 月）河南、河北的引水比例分别为：浊漳河为 3∶1；“三漳河”为 48%∶52%；枯水年为 50%∶50%。

2) 非灌溉季节（12 月、1 月、2 月）各灌区引水量最大限额为：红旗渠 3.00m^3/s，其他三个灌区 2.00m^3/s，余水流入岳城水库储存。

3) 汛期（7—10 月）当天桥断来水小于 15.0m^3/s 时，仍按灌溉季节比例分水；当天桥断来水在 15.0～30.0m^3/s 时，要有部分水量进入岳城水库，红旗渠最大引水量控制在 7.0m^3/s，其他渠道控制在 4.0m^3/s；当天桥断来水大于 30.0m^3/s 时，各渠道可适当增加引水量。

依据上述分水原则分水后可得到入库径流过程，再依据水库特征水位、特征库容及水库调度原则进行调节计算，扣除水库蒸发渗漏损失，得到水库向邯郸市东部平原的供水量。岳城水库丰、平、枯水年分配给邯郸东部平原的水量分别为 5.18 亿 m^3、2.25 亿 m^3、1.84 亿 m^3。岳城水库不同保证率逐月可供水量详见表 3.4。

表 3.4　　岳城水库不同保证率逐月可供水量　　单位：万 m^3

月　份	丰水年	平水年	枯水年
7	10895.4	5077.9	3814.7
8	406.1	7068.7	5036.7
9	15215.7	209.8	2025.8
10	6118.8	3512.6	660.2
11	293.0	0.0	16.9
12	7081.6	1753.6	2124.1
1	3798.2	2249.4	2086.2
2	4661.9	1685.4	1854.5
3	939.7	417.7	387.2
4	529.1	0.0	0.0
5	1014.1	431.4	0.0
6	892.1	138.9	340.9
合　计	51845.7	22545.3	18347.3

3. 东武仕水库

东武仕水库来水量包括：水库以上滏阳河流域的自产地表径流量，大跃峰渠、小跃峰渠引漳水量，黑龙洞泉群溢出量和部分矿井疏干水量。可依据调查和实测资料，采用数理统计法分析计算流域地表径流量、泉水溢出量和矿井疏干水水量，推求丰平枯水年入库流量；大跃峰渠按漳河分水原则引水，扣除磁县漳河山区及峰峰矿区相应时段用水后，形成丰平枯水年的入库过程；小跃峰渠按漳河分水原则引水，扣除磁县灌溉相应时段用水后，形成丰平枯水年的入库过程。

依据入库总径流过程、水库特征水位、特征库容及水库调度原则，进行水库调节计算，扣除水库蒸发渗漏损失，即可得到水库向东部平原的供水量。东武仕水库的可供水量依据水库调节计算得出不同保证率的可供水量。东武仕水库丰平枯水年可供水量分别为 2.40 亿 m^3、1.68 亿 m^3、1.41 亿 m^3。东武仕水库不同保证率逐月可供水量详见表 3.5。

表 3.5　　东武仕水库不同保证率逐月可供水量　　单位：万 m^3

月　份	丰水年	平水年	枯水年
7	4121.0	2444.9	2226.8
8	1040.1	2683.2	1732.8

续表

月　份	丰水年	平水年	枯水年
9	1040.1	1040.1	1912.5
10	4994.5	2974.7	3040.6
11	6475.5	2419.3	207.5
12	982.5	739.1	1399.8
1	1265.7	1224.4	1259.1
2	1180.2	1183.8	1218.5
3	231.0	166.2	209.5
4	1175.2	976.0	658.9
5	0.0	38.5	128.2
6	1535.5	879.4	84.1
合　计	24041.4	16769.6	14078.3

4. 洺河

西部山区经洺河向东部平原供水，主要包括大洺远水库弃水、口上水库弃水。丰水年大洺远水库弃水为0.67亿m^3；平水年大洺远水库弃水为0.33亿m^3；枯水年大洺远水库弃水为0.14亿m^3。丰水年口上水库弃水为0.22亿m^3。则洺河丰水年供水量为0.89亿m^3；平水年供水量为0.33亿m^3；枯水年供水量为0.14亿m^3。

5. 西部山区地下水侧向流出量

西部山区的地下水以地下径流或河道潜流的方式，沿着水平的方向向东部平原区的浅层地下水进行补给。利用达西公式，沿补给边界切割剖面来计算补给量。计算公式为

$$Q_{侧补} = KIHLT \tag{3.2}$$

式中　$Q_{侧补}$——山前侧向径流补给量；
K——含水层渗透系数；
I——垂直于剖面方向上的水力坡度；
H——含水层厚度；
L——计算断面长度；
T——计算时段长度。

经计算，邯郸市1980—2015年山前侧向径流补给总量为0.23亿m^3。其中：补给漳卫河平原区的水量为0.11亿m^3，补给滏阳河平原区的水量为0.12亿m^3。

经以上分析，西部山区地表水通过岳城水库和东武仕水库向东部平原供水，西部山区地下水通过侧向补给供水给东部平原。

3.4.3.2 地表水可供水量

1. 自产地表水

自产地表水被蓄水闸拦蓄后加以利用，自产水丰水年、平水年、枯水年水量分别为2.99亿m^3、0.92亿m^3、0.48亿m^3。可利用量为经蓄水闸和坑塘拦蓄后可以被利用的水量，以实际调算结果为准。在自产地表水现状水平年，经蓄水闸和坑塘调蓄后，实际可供水量在丰水年时为1.61亿m^3，平水年时为0.46亿m^3，枯水年时为0.27亿m^3。

2. 卫河可供水量

卫河多年平均入境水量为7.81亿m^3，经频率分析计算，丰水年入境水量为9.78亿m^3，平水年入境水量为6.53亿m^3，枯水年入境水量为4.47亿m^3。由于卫河水质较差，利用量较少，现状水平年卫河可利用水量在丰水年为1.58亿m^3，平水年为1.48亿m^3，枯水年为1.38亿m^3。

3. 外调水可供水量

南水北调工程向邯郸市年均供水3.52亿m^3。依据《河北省地下水超采综合治理实施方案》，邯郸市引黄入邯水量为1.39亿m^3。

3.4.3.3 地下水可开采量

平原区地下水可供水量的分析主要基于平原区地下水可开采量，因平原区生活用水、工业用水、农业用水、环境用水等用水行业用水量大，地下水超采严重，平原区地下水用水量已远远超于其地下水可开采量。由邯郸市水资源评价分析计算可得，邯郸市东部平原地下淡水（$M \leqslant 2g/L$）多年平均可开采量为7.70亿m^3，另有$2g/L < M \leqslant 3g/L$的微咸水1.19亿m^3，$3g/L < M \leqslant 5g/L$的咸水0.94亿m^3。地下淡水（$M \leqslant 2g/L$）丰、平、枯水年可开采量分别为9.78亿m^3、7.06亿m^3、3.38亿m^3。

3.4.3.4 邯郸市东部平原可供水量

汇总以上平原区可供水量，计算得到现状水平年邯郸市东部平原丰水年可供水量总计为25.47亿m^3；平水年为17.84亿m^3，枯水年为13.18亿m^3。各行政区不同水平年不同水源的可供水量详见表3.6～表3.8。

表3.6 现状水平年可供水量（$P=25\%$） 单位：万m^3

行政分区	自产水		入境水					小计
	地表水	地下水	岳城水库	东武仕水库	引黄水	引卫水	南水北调水	
磁　县	683.7	3735.5	1450.9	2428.4			3074.0	11372.5
永年区	1475.1	9775.1		1699.9			3600.0	16550.0
复兴区	836.8	1647.9	1000.0	2914.1			4455.8	10854.6
邯山区	1455.3	2848.0	1000.0	6313.9			7749.2	19366.4

续表

行政分区	自产水		入境水					小计
	地表水	地下水	岳城水库	东武仕水库	引黄水	引卫水	南水北调水	
丛台区	1346.2	2645.4	1000.0	5828.2			7168.0	17987.8
临漳县	1212.7	9648.6	10639.7				738.0	22239.0
成安县	878.9	6271.9	10156.0				674.0	17980.9
魏　县	1685.8	12139.1	8705.2	0.0	2183.0	5688.0	2100.0	32501.1
广平县	551.7	3990.4	2901.7		2073.0		700.0	10216.8
肥乡区	915.4	6546.7	2901.7		1624.0		1000.0	12987.8
曲周县	1159.7	8388.6		2671.3	2057.0		553.0	14829.5
鸡泽县	577.2	4170.2		1457.1	955.0		600.0	7759.5
邱　县	789.8	5845.9		728.5	2395.0		1300.0	11059.2
大名县	1670.2	13982.1	7737.9		2346.0	6636.0	790.0	33162.2
馆陶县	860.4	6178.8	4352.6		240.0	3476.0	700.0	15807.8
合　计	16098.8	97814.2	51845.7	24041.4	13873.0	15800.0	35202.0	254675.1

表3.7　　现状水平年可供水量（$P=50\%$）　　单位：万 m^3

行政分区	自产水		入境水					小计
	地表水	地下水	岳城水库	东武仕水库	引黄水	引卫水	南水北调水	
磁　县	109.7	2686.2	580.6	1693.9			3074.0	8144.3
永年区	254.0	7105.5		1185.7			3600.0	12145.3
复兴区	645.0	1404.4	1000.0	2032.7			4455.8	9537.9
邯山区	1121.7	2428.9	1000.0	4404.1			7749.2	16703.9
丛台区	1037.6	2255.1	1000.0	4065.4			7168.0	15526.0
临漳县	192.6	6856.2	4257.4				738.0	12044.2
成安县	127.1	4446.1	4063.9				674.0	9311.1
魏　县	226.7	8538.8	3483.3		2183.0	5328.0	2100.0	21859.8
广平县	71.4	2797.1	1161.1		2073.0		700.0	6802.6
肥乡区	130.3	4640.4	1161.1		1624.0		1000.0	8555.8
曲周县	149.5	5856.0		1863.3	2057.0		553.0	10478.8
鸡泽县	75.2	2911.4		1016.3	955.0		600.0	5557.9
邱　县	94.4	4108.7		508.2	2395.0		1300.0	8406.3
大名县	205.4	10056.7	3096.3		2346.0	6216.0	790.0	22710.4
馆陶县	122.5	4507.6	1741.7		240.0	3256.0	700.0	10567.7
合　计	4563.1	70598.8	22545.3	16769.6	13873.0	14800.0	35202.0	178351.9

表 3.8 现状水平年可供水量（$P=75\%$） 单位：万 m^3

行政分区	自产水		入境水					小计
	地表水	地下水	岳城水库	东武仕水库	引黄水	引卫水	南水北调水	
磁　县	65.4	1280.5	455.9	1422.1			3074.0	6297.8
永年区	146.6	3445.8		995.4			3600.0	8187.9
复兴区	420.9	680.7	1000.0	1706.5			4455.8	8263.8
邯山区	731.9	1178.5	1000.0	3697.3			7749.2	14357.0
丛台区	677.0	1093.4	1000.0	3412.9			7168.0	13351.4
临漳县	98.0	3289.6	3343.0				738.0	7468.6
成安县	64.9	2119.4	3191.0				674.0	6049.4
魏　县	110.1	4044.2	2735.2	0.0	2183.0	4968.0	2100.0	16140.5
广平县	33.5	1310.4	911.7		2073.0		700.0	5028.5
肥乡区	65.9	2212.1	911.7		1624.0		1000.0	5813.7
曲周县	70.4	2755.7		1564.3	2057.0		553.0	7000.3
鸡泽县	35.6	1370.0		853.2	955.0		600.0	3813.9
邱　县	41.2	1936.8		426.6	2395.0		1300.0	6099.7
大名县	83.0	4877.0	2431.3		2346.0	5796.0	790.0	16323.2
馆陶县	62.2	2201.4	1367.6		240.0	3036.0	700.0	7607.2
合　计	2706.7	33795.5	18347.3	14078.3	13873.0	13800.0	35202.0	131802.8

3.4.4 现状水平年需水量

利用定额分析方法分别对研究区域各行业的需水量进行分析计算，考虑沿程输水损失，根据输水工程的形式及距离确定管网漏失率。

1. 生活需水量

参考河北省地方标准《用水定额》可得，研究区域现状水平年城镇和农村居民生活用水净定额分别为 110L/(人·d)、50L/(人·d)。

2. 工业需水量

根据 2016 年《邯郸统计年鉴》，现状水平年研究区域的工业总产值为 2168.92 亿元，工业增加值为 771.82 亿元，工业万元增加值用水量为 18m^3/万元。

3. 建筑业需水量

研究区域房屋建筑施工面积为 3556.12 万 m^2，河北省建筑业平均取水定额约为 0.5m^3/m^2。

4. 第三产业需水

第三产业包括商饮业和服务业。现状水平年研究区域第三产业增加值为 900.01 亿元，万元增加值用水量为 10m^3/万元。

5. 牲畜需水量

小牲畜用水定额取 0.5L/[头（只）·d]，大牲畜用水定额取 18L/[头（只）·d]。

6. 渔业需水量

渔业各水平年用水定额取 810m³/(亩·年)，现状水平年研究区域的渠系水利用系数约为 60%。

7. 环境需水量

环境需水量主要包括城镇绿化用水、环境卫生用水和河湖补水。现状水平年研究区域绿地面积共 8.88 万亩，绿地灌溉定额为 6000m³/hm²；环境卫生用水主要是道路喷洒用水，研究区域道路面积为 4.74 万亩，道路喷洒定额取 7000m³/hm²；河湖水面面积 465.40hm²，河湖补水定额为 6000m³/hm²。

8. 农业需水量

研究区域现有灌溉面积 760.30 万亩，其中农田有效灌溉面积为 728.99 万亩，林果地面积为 31.31 万亩。农田有效灌溉面积主要包括小麦玉米、棉花和菜田，面积分别是 519.05 万亩，103.99 万亩和 105.96 万亩。现状水平年农作物灌溉分为传统灌溉和高效节水灌溉方式。

根据作物的生育期确定合理的灌水时间和灌水量，确定作物的灌水定额，灌溉方式不同，则灌溉定额也不同。

(1) 传统漫灌灌水定额。平水年：小麦、玉米需要灌溉四次（小麦三次、玉米一次），次灌溉水量为 70m³/亩，确定粮食作物的灌溉定额为 280m³/亩；棉花需要灌溉一次，次灌水量为 70m³/亩，灌溉定额为 70m³/亩；油菜需要灌溉两次，次灌溉水量为 70m³/亩，灌溉定额为 140m³/亩；油葵等油料作物需灌溉一次，次灌溉水量为 70m³/亩，灌溉定额为 70m³/亩；黄瓜、西红柿需水量较大，灌溉定额为 600m³/亩，叶菜类灌溉定额为 300m³/亩；林木灌溉定额为 70m³/亩，灌溉一次；果树灌溉定额为 70m³/亩，灌溉两次，所以林果综合灌溉定额取 105m³/亩。丰水年、枯水年的灌溉定额在此基础上减少、增加一次灌溉。

(2) 高效节水灌水定额。平水年：采用喷灌时小麦、玉米需要灌溉五次，次灌溉水量为 35m³/亩，粮食作物的灌溉定额为 175m³/亩；棉花需灌溉两次，次灌溉水量为 35m³/亩，灌溉定额为 70m³/亩。采用高标准管灌时小麦、玉米的灌溉定额为 252m³/亩；棉花需要灌溉一次，灌溉定额为 63m³/亩。果树等采用小管出流灌溉方式，灌水次数为 5 次，次灌水量为 20m³/亩，全年灌水量 100m³/亩。黄瓜、西红柿需水量较大采用滴灌的灌溉方式，灌溉定额为 420m³/亩，叶菜类灌溉定额为 200m³/亩，林业每年需灌溉一次，灌溉定额为 100m³/亩。丰水年、枯水年的灌溉定额在此基础上减少、增加一次灌溉。

(3) 现状年种植结构和灌溉方式。2015 年现状水平年邯郸市东部平原灌溉面积为760.30万亩，其中传统灌溉面积为585.50万亩，高效节水灌溉面积为174.80万亩。传统灌溉小麦、玉米面积为363.67万亩，棉花、油菜等经济作物面积为98.80万亩，菜田面积为95.34万亩，林果面积为27.71万亩；高效节水灌溉小麦、玉米面积为156.46万亩，棉花、油菜等经济作物面积为4.28万亩；菜田面积为10.46万亩，林果面积为3.59万亩。各行政分区现状年不同灌溉方式下的灌溉面积统计见表3.9。

表3.9　现状年不同灌溉方式的灌溉面积统计表　单位：万亩

行政分区	传统灌溉面积					高效节水灌溉面积				
	小麦、玉米	棉花	菜田	林果地	合计	小麦、玉米	棉花	菜田	林果地	合计
磁　县	1.92	0.18	0.28	0.09	2.46	3.55		0.21	0.10	3.86
永年区	27.75	1.67	22.41	3.12	54.94	7.47		0.92	0.09	8.48
复兴区	14.85	1.07	3.85	0.48	20.25	0.67		0.05	0.02	0.74
邯山区	25.82	1.87	6.69	0.84	35.22	1.17		0.08	0.04	1.29
丛台区	23.88	1.73	6.20	0.78	32.59	1.08		0.08	0.04	1.19
临漳县	48.98	3.32	9.36	1.15	62.81	10.86		0.84	0.65	12.35
成安县	1.03	23.34	5.58	4.67	34.62	21.47	0.23	0.86	0.43	22.99
魏　县	54.58	2.31	4.99	7.20	69.08	22.75		1.71	0.20	24.66
广平县	17.02	5.26	2.24	0.71	25.23	9.63		0.16	0.10	9.89
肥乡区	20.39	14.68	6.89	1.33	43.29	14.98		0.51	0.62	16.11
曲周县	31.10	13.90	5.86	1.19	52.06	10.85		0.96	0.19	11.99
鸡泽县	17.85	4.73	6.03	0.41	29.02	7.80		0.33	0.10	8.23
邱　县	3.27	21.45	3.05	1.06	28.84	10.87	1.33	0.35	0.11	12.65
大名县	55.75	0.48	6.43	3.28	65.93	20.63	2.66	0.99	0.62	24.91
馆陶县	19.47	2.82	5.47	1.40	29.16	12.71	0.05	2.42	0.28	15.46
合　计	363.67	98.80	95.33	27.71	585.51	156.46	4.28	10.46	3.59	174.80

（4）农业需水量。邯郸市东部平原现状水平年农业需水量分别为：丰水年14.45亿m^3，平水年18.80亿m^3，枯水年22.97亿m^3。

9. 总需水量

邯郸市东部平原总需水量包括生活需水量、第一产需水量、第二产需水量、第三产需水量及环境需水量。现状水平年50%保证率下，邯郸市东部平原总需水量为25.96亿m^3，其中生活需水量为2.48亿m^3，占总需水量的9.57%；第一产业需水量为19.88亿m^3，占总需水量的76.59%；第二产业需水量为1.59亿m^3，占总需水量的6.11%；第三产业需水量为1.00亿m^3，占总需水量的3.85%；环境用水为1.00亿m^3，占总需水量的3.88%。现状水平年邯郸市东部平原各行业需水量见表3.10。

表 3.10　　各行业现状水平年需水量统计表　　单位：万 m^3

行政分区	生活		第一产业					第二产业		第三产业	环境用水	合计		
	城镇	农村	农业 25%	农业 50%	农业 75%	牲畜	渔业	工业	建筑业			25%	50%	75%
磁　县	358.8	197.2	2021.5	2797.5	3147.9	351.6	164.0	1179.4	58.4	741.3		5072.1	5848.1	6198.5
永年区	1465.5	1095.9	15878.1	18425.2	20878.8	962.4	1944.0	1429.1	96.1	729.0		23600.2	26147.3	28600.9
复兴区	1457.0	228.6	4751.4	5934.9	7104.0	137.3	16.3	1156.2	360.2	1070.1	2317.5	11494.5	12678.1	13847.1
邯山区	2533.9	397.5	8263.3	10321.6	12354.7	238.7	28.4	2010.8	626.4	1861.0	4030.5	19990.5	22048.8	24081.9
丛台区	2343.9	367.7	7643.5	9547.5	11428.1	220.8	26.2	1860.0	579.5	1721.5	3728.2	18491.2	20395.1	22275.8
临漳县	1075.6	855.0	16148.8	20562.1	24940.9	587.9	16.2	495.2	41.7	431.7		19652.1	24065.4	28444.3
成安县	795.0	476.8	7136.6	9948.7	12514.3	523.9	2.0	928.1	14.3	517.9		10394.5	13206.6	15772.2
魏　县	1614.9	1086.1	17912.9	23559.8	28837.4	770.9	10.1	661.5	50.3	573.6		22680.3	28327.2	33604.8
广平县	483.1	384.2	6152.6	8355.8	10498.7	150.8	2.0	413.1	25.4	338.8		7950.1	10153.3	12296.2
肥乡区	599.6	525.8	9774.9	13169.8	16462.1	469.3	20.3	432.0	19.3	277.3		12118.4	15513.3	18805.7
曲周县	754.4	616.2	10741.7	14542.1	18306.6	650.0	755.3	801.7	34.6	334.6		14688.5	18488.8	22253.3
鸡泽县	484.9	396.0	7561.2	9631.2	11688.9	318.6	24.3	664.6	13.7	331.6		9794.9	11865.0	13922.7
邱　县	456.4	303.0	3231.6	5796.3	8250.6	406.3	204.5	452.2	3.1	304.1		5361.1	7925.9	10380.1
大名县	1373.6	1092.3	18190.4	23707.3	29127.4	911.6	202.5	792.2	24.0	476.7		23063.3	28580.2	34000.2
馆陶县	611.2	411.1	9139.6	11706.9	14181.7	689.6	14.2	616.9	28.6	291.2		11802.3	14369.6	16844.4
合　计	16407.6	8433.2	144548.0	188006.7	229722.2	7389.7	3430.4	13892.8	1975.6	10000.4	10076.2	216154.0	259612.7	301328.1

3.4.5 现状水平年供需平衡分析

各行业配水原则：优先满足居民生活、工业、建筑业、服务业、牲畜、渔业和生态环境的用水，其次满足农业用水。

水源供水原则：南水北调水优先供应生活、工业、服务业和牲畜用水；岳城水库、东武仕水库按照现状供水比例向各行政区分配水量，优先供应渔业和生态环境的用水，其次供应建筑业和农业用水；各行政区地下水仅在当地使用，满足其他行业用水后，剩余水量供给当地农业用水。

供需平衡结果为：丰水年余水量为4.94亿m^3，缺水量为1.09亿m^3；平水年余水量为0.28亿m^3，缺水量为8.40亿m^3；枯水年余水量为0.01亿m^3，缺水量为16.96亿m^3。各行政区缺水主要表现在农业方面，各行政区余缺水量详见表3.11。

表3.11 现状水平年供需平衡分析表 单位：万m^3

行政分区	可供水量			需水量			余缺水量		
	丰水年	平水年	枯水年	丰水年	平水年	枯水年	丰水年	平水年	枯水年
磁　县	11372.5	8144.3	6297.8	5072.1	5848.1	6198.5	6300.3	2296.3	99.3
永年区	16550.0	12145.3	8187.9	23600.2	26147.3	28600.9	−7050.2	−14002.0	−20413.0
复兴区	10854.6	9537.9	8263.8	11494.5	12678.1	13847.1	−639.9	−3140.2	−5583.3
邯山区	19366.4	16703.9	14357.0	19990.5	22048.8	24081.9	−624.1	−5344.9	−9724.9
丛台区	17987.8	15526.0	13351.4	18491.2	20395.1	22275.8	−503.4	−4869.2	−8924.4
临漳县	22239.0	12044.2	7468.6	19652.1	24065.4	28444.3	2586.9	−12021.3	−20975.7
成安县	17980.9	9311.1	6049.4	10394.5	13206.6	15772.2	7586.4	−3895.5	−9722.8
魏　县	32501.1	21859.8	16140.5	22680.3	28327.2	33604.8	9820.8	−6467.4	−17464.4
广平县	10216.8	6802.6	5028.5	7950.1	10153.3	12296.2	2266.7	−3350.8	−7267.7
肥乡区	12987.8	8555.8	5813.7	12118.4	15513.3	18805.7	869.5	−6957.5	−12992.0
曲周县	14829.5	10478.8	7000.3	14688.5	18488.8	22253.3	141.0	−8010.1	−15253.0
鸡泽县	7759.5	5557.9	3813.9	9794.9	11865.0	13922.7	−2035.4	−6307.1	−10108.8
邱　县	11059.2	8406.3	6099.7	5361.1	7925.9	10380.1	5698.1	480.4	−4280.5
大名县	33162.2	22710.4	16323.2	23063.3	28580.2	34000.2	10099.0	−5869.8	−17677.0
馆陶县	15807.8	10567.7	7607.2	11802.3	14369.6	16844.4	4005.5	−3801.9	−9237.2
合　计	254675.1	178351.9	131802.8	216154.0	259612.7	301328.1	38521.2	−81260.8	−169525.3

由供需平衡结果可知：在现有供水条件和用水水平状况下研究区域总体缺水，仅考虑以丰补歉不能解决供需矛盾，必须开源节流。应该开展非常规水源安全利用技术的研究，合理利用再生水、微咸水和咸水；采取节水和水资源高

效利用技术措施；并在ET管理理念的基础上进行水权分配，建立水资源总量控制体系，从根本上缓解水资源供需矛盾。

3.5　水资源开发利用存在问题及解决途径

研究区域气候干旱，降水时空分布不均，属于资源型缺水地区，水资源供需矛盾突出。另外，由于人们环保意识相对薄弱，污水未经过有效处理就直接排放，对有限的水资源造成了污染，这对本就十分稀缺的水资源来说无疑是雪上加霜，进一步加剧了水资源短缺造成的供需矛盾。

3.5.1　研究区域的水资源开发利用存在问题

1. 工农业争水矛盾突出

由于近些年气候干燥，降水量减少，来水量减少，可供水量也逐年减少。但经济日益发展，对水资源的需求没有减少，反而增加。为了满足经济和生活的需水要求，在水资源有限的条件下，只能通过挤占农业用水来满足工业和生活的用水需求。但为避免农业缺水造成减产，农民们通过超采地下水来灌溉，导致研究区内已经形成多个地下水漏斗，如：肥乡天台山漏斗、鸡泽漏斗。因水资源总量有限，为了满足各自的需水要求，工农业争水的矛盾将日益严重。

2. 地表水水质污染未完全解决

近些年随着研究区域经济的提升，工业迅速发展，有的工业为了自己的利益，产生的废水未经处理直接排放，另外现有的污水处理厂处理能力有限造成水污染现象。城镇生活产生的废污水也没有经处理直接排放到河渠里，加之降水量减少，导致河道水量减少，水体的自身净化功能降低，地表水水质污染时有发生。

3. 节水意识不强

由于农业用水不收水资源费，农民的节水意识不强，农业用水仍存在浪费现象，农业用水效率低。另外，节水工程前期投资较大，节水工程建设不足，建成后的节水工程维护不及时，发挥的作用也不明显。

4. 地下水超采严重

人们只看到眼前利益，通过大量开采地下水来解决水资源短缺，这种行为的后果是地下水被严重超采，降水量减少，被超采的部分没有被及时补给，地下漏斗面积不断扩大。另外，超采导致地下水位持续下降，地下水的水质环境恶化，泉水出水量大幅度减少甚至断流。

5. 水资源的统一管理力度不足

现有没有真正实施有效的地表水和地下水统一管理，在水资源联合调度时也没有系统地利用先进技术进行多水源优化配置。对于一些再生水、微咸水、雨洪资源、过境水等特殊水资源利用的管理，没有充分发挥其作用，造成一定的浪费。

3.5.2 缓解研究区域水资源供需矛盾解决途径

1. 开展区域水资源开发利用总量控制技术研究

基于ET管理的先进理念，结合区域用水的历史状况，进行水权分配，形成目标ET约束下的地表水资源和地下水资源利用的总量控制体系。

2. 开展非常规水资源安全利用技术研究

基于灌溉实验，探讨再生水和微咸水的安全利用技术与适宜模式，增加区域水资源可利用量，即开源。

3. 开展节水和水资源高效利用技术研究

依据区域经济社会发展规划，确定区域经济用水结构；基于农业种植结构调整和不同作物节水灌溉试验，探讨节水和水资源高效利用模式，形成农业用水结构体系，即节流。

4. 开展多水源多目标联合调控及优化配置技术研究

基于目标ET、水权分配、节水和高效利用技术，结合水资源和水利工程条件，利用先进优化配置技术，合理配置地表水、地下水、再生水和微咸水，达到以丰补歉、地下水动态平衡、水资源可持续利用、经济社会可持续发展的目的。

第4章　基于ET管理的水权分配

水是人类生存和发展必需的自然资源，各方面供需水的矛盾日益突显，水资源短缺成为制约生产、生活、生态持续发展的瓶颈。为了突破水资源短缺对经济发展的制约，缓解水资源供需矛盾，要求人们必须树立新的水资源管理理念。在水资源管理总量限制下，要使有限的水资源量达到最高的利用效率，满足各方面的需水要求，使供需矛盾降到最低，就需要制定有效的规则对水资源的利用进行管理。水权是研究一切水资源问题的出发点，有效的规则对水权分配提出了更高的要求，要求制定明晰、完善的水权制度使用水行为合法化，协调用水部门之间的利益冲突，使水资源的利用率、效益达到最大化。本章结合水权和ET的相关理论，提出了基于ET管理的水权分配方法。

4.1　水权的内涵

水权是随着社会经济的发展，适应时代发展的需求逐步形成的。国内外不同学者对水权的解释也不相同，到目前“水权”还没有统一的概念。

Scott和Coustalin（1995）[123]将水权定义为享用或使用水资源的权利；汪恕诚（2001）[124]认为水权只有拥有了使用权才能谈经营权，包括水的所有权、使用权、经营权、转让权等；石玉波（2001）[125]认为水权是水资源所有权、使用权、水产品与服务经营权等权利的总称，是用来调节各用水者对水资源开发利用的规范；姜广斌等（2003）[126]认为水权是指地球上有限的可利用的淡水资源在人类社会不同群体范围内或个人间的所有权、分配权、使用权和监督权等权利；杨力敏（2005）[127]认为水权是财产权利和公共管理部门管理水事所形成的权利总称；丁渠（2007）[128]认为水权是权利人依法对地表水和地下水使用、收益的权利，是一集合概念，是汲水权、蓄水权、排水权、航运权、竹木流放水权等一系列权利的总称；吴楠（2009）[129]认为水权应该是指国家、单位和个人对水的物权和取水权；黄辉（2010）[130]认为水权是指围绕水产生的各种权利的总称，包括水资源产生的财产权、行政权、环境权；孙媛媛、贾绍凤（2016）[131]突破以往水权的划分依据，将水权重新进行划分。

总体来说，各学者对水权的内涵阐述可以概括为：第一种观点认为水权是财产权，是一种非传统意义的私人财产权；第二种观点认为水权是包括水资源本身所具有的所有权利的一个权利束[132]。根据《中华人民共和国水法》(2002)[133]规定，我国水资源属于国家所有。“国家鼓励单位和个人依法开发、利用水资源，并保护其合法权益。”根据《水法》可知，水权的主体是可以依法获得水的使用权。

4.2 水权分配

我国是一个水资源短缺、时空分布极不平衡、生态环境脆弱的发展中国家，但在严重缺水的情况下用水浪费十分严重。水资源不合理利用的原因很多，最根本原因是没有建立与市场经济相适应的水权制度。2011 年中央一号文件《关于加快水利改革发展的决定》明确提出“实行最严格的水资源管理制度”的重大决策，建立合理的水权制度能够从根本上促进经济主体转变用水方式，使水资源的价值得到进一步提高。我国水权制度建设的框架图见图 4.1。

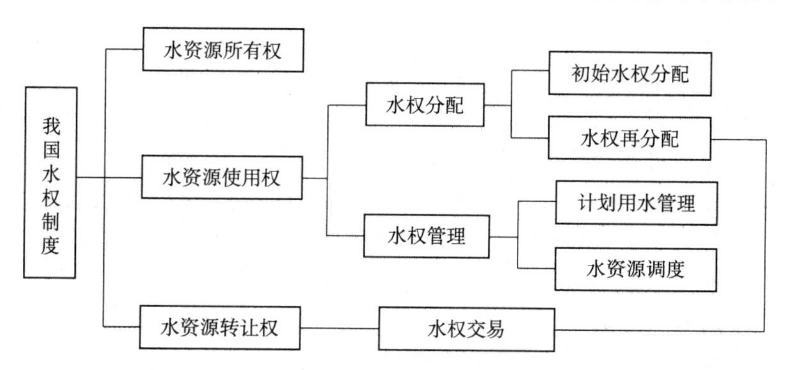

图 4.1 我国水权制度建设的框架图

水权制度的建立让用水者明晰在水资源国有的前提下个人的使用权和义务，在水资源稀缺的状态下，取得水权要缴纳水资源费，其合法权益予以法律保护[134]。水资源使用权的核心是取水权的分配和调整、取得和终止、使用和保护等[135]。水权制度的建立，调动了人们有效保护水资源、高效利用水资源的积极性。拥有水资源使用权者在提高水资源利用效率时，还可以通过转让水权提高水资源的效益，促进水资源优化配置。

4.2.1 初始水权分配

我国水资源所有权属于国家，用水户只拥有使用权，而水资源的重要职能只有通过使用权才能发挥。通过水权分配界定水资源使用权的权利边界和优先顺序，根据相关的法律法规把水资源的使用权让渡给各用水户。通过行政手段把水资源的使用权分配给用水户——初始水权分配，通过市场手段实施水权有偿转让——水权再分配，使水资源的效益达到最大化，只有对水权进行科学的初始分配，才能更好地实施水权管理[136]。

初始水权分配从水量、水体、用水户等方面对水资源的使用权进行分配。近年我国许多地区根据实际情况进行了初始水权分配的实践和探索，积累了丰富的经验。20世纪70年代黄河整个流域水资源稀缺，为了解决这一问题，需要对黄河水量进行统一分配。从1982年开始着手规划黄河水的资源合理的利用，1987年9月国务院批准了《黄河可供水量分配方案》将370亿m^3水量在沿黄各省（区）之间进行分配，标志着黄河流域水权分配的开始。1994年按国务院批准的黄河可供水量分配方案对沿黄各省（区）的黄河取水实行总量控制。尽管制订了分配方案，但是各省（区）并没有按照分配方案取水，没有解决水资源矛盾的根本问题，最终使初始水权的分配方案只是一纸文书，对日益恶化的生态环境没有任何改变，黄河仍然出现连年断流[137]。为了从根本上解决问题，1999年黄河水利委员会对整个流域的水资源实行统一调水，各省必须按照各自的初始水权分配的水量取用水，每年根据具体情况调整分配的水量，丰水年可以增加用水，枯水年必须减少用水，保障黄河不断流。实践表明全流域按照水量实行统一调度管理的方法是正确有效的，实施统一调度后，黄河再也没有出现过断流现象[138,139]。

水是生命之源，生存是发展的前提，在水权初始分配时要优先满足基本生活用水。由于各地区水资源的情况不同，制定水权初始方案时应制定与实际情况相适应的水权初始分配方案。在制定水权分配方案时考虑的因素有：

（1）水权初始分配方案既要具有一定的稳定性，也要根据经济社会发展以及生态环境变化的需要进行适当调整。为满足这一条件，需要制定水资源的使用权期限，在有效期内水权分配方案一般不可更改，用水户在使用期限内可安心使用；使用期满，根据实际情况对初始水权分配进行调整，以满足社会发展需要。2004年在松辽流域水资源初始水权分配的专题研究中，规定国民经济用水、生态与环境用水、公共用水和政府预留水的期限为30年[140]。

（2）既要考虑流域历史现状用水情况，也要考虑未来用水情况。在制定初始水权分配方案时，要尽量减少与现状用水情况的差异，差异越小，可行性越高。历史现状相当于优先占有，尽管存在一些不合理，但已被接受并实行。在进行初始水权分配时要考虑到各地区的历史现状用水情况，结合未来社会经济发展对水的需求量，制订分配方案。江西抚河流域在进行初始水权分配时，结合现状用水需求，对2030年的用水需求进行合理预测，考虑了现在的各用水户利益，初始水权分配方案得以顺利进行[141]。

（3）既要考虑地表水资源分配，也要考虑地下水资源分配。如果只分配地表水资源，当地表水资源不足时，通过抽取地下水来满足需求，会造成地下水超采。黄河水量分配时没有分配地下水，而山西省大量开采地下水使用从而节省地表耗水指标，这样做的后果是地下水位降低，进而导致地下水补给黄河河道的水量减少[142]。

（4）既要考虑天然水资源量，也要考虑可利用水资源量和生态用水水量。根据天然水资源量确定可分配的范围，为了防止河流断流和生态恶化，分水时要优先考虑流域生态用水，将扣除这部分水后的可利用量作为分水方案的资源量。为适应流域经济的发展，必须考虑生态环境的承载力，生态用水的直接经济效益不明显，但其是自然生态和人类社会可持续发展的前提条件。因此，在水量分配方案中只有确定生态用水后才能进行社会用水的初始水权分配。霍林河流域初始水权分配时对上游工业用水和下游湿地生态用水进行了协调，为了保证湿地的生态环境给下游的湿地分配了相对充足的水量，这种做法考虑了经济角度，还考虑了生态环境对人类的重要性，非常值得靠牺牲环境来提升经济的地区在分配初始水权时借鉴[143]。

（5）人类活动对大自然的影响越来越严重，导致气候变化异常，可能会随时出现各种不可预见的气候、突发的事件，在制定初始水权时要考虑各种不可预见因素带来的影响，做到未雨绸缪，在突发事件出现时才能够从容应对。因此，为了应对社会经济发展中不可预见因素和各种紧急情况，政府要预留水量以备不时之需[144]。许多地区的初始水权分配都考虑了预留水量，例如在水资源量相对较充足的大凌河流域，在初始水权分配时满足生态环境等各因素后预留了一定的水量，以备不时之需[145]；塔里木河流域在水资源利用率较低的和田河预留了4.19亿m^3预留水[146]。

（6）在初始水权分配时，清晰的水权界定可以提高人们节水意识。

4.2.2 水权再分配

经济的发展、生活质量的提高都离不开水资源，但有限的水资源量很难满足各方的需求，导致供需矛盾日益尖锐。由于各流域和地区水资源的总量是一定的，虽然在初始水权分配时考虑了预留水量和未来经济发展，但很难满足所有的需求。为了合理、高效、充分利用有限的水资源，通过市场配置使有限的水资源发挥其最大的效用，这就是水权再分配。

水资源具有不同的用途，每方水用于不同行业带来的经济价值是不一样的。水权再分配一方面可以增强节水意识，满足用水需求；另一方面多余的水量给所有者带来额外的经济效益。通过水权的再分配，使有限的水资源从低水平向高水平的经济活动转变，使有限的水资源得到合理的配置，发挥最大的经济效益，提高水资源的利用效率[147]。

目前，我国水权交易包括以下几种类型。

(1) 区域间水权交易。典型地区有：浙江东阳—义乌、余姚—慈溪、绍兴—慈溪之间的水权交易，都是由受让方向出让方交纳费用，取得用水的权利。浙江省义乌市经济发展迅速，但由于河道水质污染，河道提水主要供农业灌溉，造成水资源相对短缺，制约其经济发展。为了解决此问题，义乌市决定向位于上游、水资源比较丰富的东阳市“境外引水”。2000年11月两市签订了用水转让协议，成为我国第一笔水权交易，实现了水资源的横向配置，既让义乌解脱了水困，又使东阳充分利用了水资源的价值[148]。

(2) 不同行业用水户间的水权交易。典型地区有：宁夏、内蒙古地区，具体做法是灌区节水设施的所有费用由工业企业出资，采用节水措施节约的水转让给企业。

自1999年实施黄河流域水量统一调度以来，对沿黄各省区用水实行总量控制。2000年以来，随着西部大开发战略的实施，内蒙古鄂尔多斯、宁夏宁东作为国家重要的能源基地开始大规模开发，工业用水需求急剧增加。但宁夏、内蒙古两自治区实际用水已超黄河年度分水指标，因无余留水量指标，新增工业项目无法开展。与此同时，自治区内用水结构不合理，95%为农业灌溉用水，且用水效率低，节水潜力较大。由于引黄灌区在引水灌溉过程中存在跑冒滴漏等浪费水资源的现象，2003年4月黄委和宁夏、内蒙古两自治区水利厅决定，由工业建设项目出资，对现有的输水工程进行改造，引进节水技术，把因设备落后浪费的水资源节省下来，按照水权水市场理论，在不增加引黄用水指标和不减少农业用水的前提下，实行满足拟建工业项目用水需求的水权转换[149]。水权转换实施后，内蒙古黄河南岸灌区渠系水利用系数由0.348提高到0.636。实施节水改造后，宁夏、内蒙古自治区引黄灌区生态环境明显好转且地下水位升高。通过水权转让，保障了新建工业项目的用水需求，推动了当地经济社会的快速发展，缓解了水资源短缺的矛盾。

(3) 灌区农民间水票交易。典型地区：甘肃张掖、新疆呼图壁地区。2001年8月甘肃省张掖市民乐县洪水河灌区成为我国的第一个节水型社会建设试点，10月灌区发放有效期为5年的水权证，成立农民用水者协会，进行初始水权分配，之后灌区内部进行水权再分配。通过水权再分配，农民见到了实实在在的利益，提高了农民的节水意识，全村的所有耕地都能够有水灌溉，改变了以前的浪费水资源的现象，大大节约了水资源，使水资源在总量的控制下达到了动态平衡[150]。

(4) 新增用水户由政府有偿出让水权。典型地区：新疆吐鲁番地区。新增的工业企业想要取得用水使用权，要跟政府签订用水协议，然后政府采用各种方法来协调各用水户，把原来用水户的水权转让给新的用水户，但是有偿转让，转让费用由新用水户出。

建立水权制度，实施水权管理，是我国水资源管理的方向。各地区和各流域根据自己水资源承载能力，合理分配三生用水，根据水资源总量控制进行初始水权分配，做到“明晰水权”。进行水权细化，将用水指标逐级分配给各行政分区、乡镇、村、企业和用水户，各用水单位只能在各自分配到的水权范围内用水。引进水市场，利用经济手段将用水户节约的水量在跨部门、跨行业、用水户之间进行有偿的水权转让。

4.3 ET管理下的水权分配

4.3.1 ET的概念

ET是蒸发（evaporation）和蒸腾（transpiration）的英文合写词“evapotranspiration”的缩写。ET最早用于农业用水管理，农田生态系统的耗水主要有土壤的蒸发、植株蒸腾量。ET的大小受到很多因素的影响，例如气候条件、土壤的湿润程度、植被等。

水在循环过程中以大气水、地表水、土壤水和地下水等不同形式相互转化，在转化过程中除了大气水，其他水只是从一种场所转移到另一场所，水量并没有发生任何改变，只有蒸腾蒸发掉的水分，不能再以任何形式使用，这部分水量的损失才是总水量的实际减少的量，也就是真实的耗水量——ET。传统上的ET是指在太阳辐射、空气温度、湿度、风速等气候条件和实际作物的土壤、植物种类因素的影响下，液相或固相水分从地球表面（包括土壤、植株表面）移向大气的过程。而自然界中，实际蒸散发现象远远超出了植物的范畴。ET既是复杂水文循环过程的重要环节之一，也是地表能量平衡的组成部分和陆面生态过程的关键参数。另外人类的活动对水的改变也会对ET产生一定的影响，随着人们对ET的了解的深入，对ET的研究也越来越重视[151]，包括水文气象方法和遥感技术在内的ET估算与监测方法也取得了很大进展。ET的监测和总量控制对于资源型缺水流域的水资源调配管理与水资源可持续利用具有重要意义[39]。

4.3.2 ET管理理念

自20世纪90年代以来，各行各业发展对水资源需求量增长，为了满足需求过度开发利用水资源，使生态环境恶化。近年来，人们意识到社会经济和生态环境同等重要，对水资源的开发趋于合理化。

只有通过区域的净耗水量才能真实地反映一个区域的用水程度。对于一个区域来说，在水循环过程中，只有蒸腾蒸发掉的水分是水量的实际减少量，即真实的净耗水量ET。在研究节水方法的过程中Keller等[152]提出从整个水循环不可回收的水量中进行“真实节水”的系列概念。通过ET值反映节水效果，只有水资源中蒸腾蒸发的不可回收部分的减少量才是一个区域真正节约的水资源量，与传统的节水理念有所区别。

传统的节水理念强调通过减少取水量来衡量节水的效果，将减少的取水量作为节约的水量，而没有考虑ET的量。这样会导致各用水部门在许可取水量的范围内，通过提高水的重复利用率和消耗量来满足自身需求，结果是增加了ET量，消耗掉更多的水量，实际没有达到真正的节水目的。例如：在农业灌溉时，采用管道漫灌时30t水可以灌溉一亩地，采用滴灌后可以使水量节约50%，那么原来30t水采用滴灌后就可以灌溉二亩地，灌溉面积增大，蒸腾蒸发也会随之增大，这种节水理念只会导致真实的耗水量增大而不是减少。要想做到真正的“真实节水”，应该根据水资源的补给状况及水量平衡关系[151]，测算出区域合理的真实的耗水量，也就是区域的目标ET值。

目标ET是一个区域依据可利用水资源量确定的允许消耗量，分为可以控制的和不可以控制的。真实节水重点是对可以控制的部分进行研究，在水资源产出率最大化和不突破区域目标ET的前提下，采用现代技术手段，减少农业灌溉的净耗水和地表、地下水的无效流失量，控制区域ET，减少低效和无效ET，实现“真实节水”的目的。在保障水资源可持续利用的前提下，改变过去通过挤占农业和生态等弱势部门的水资源量来满足其他行业的用水状况，保障水资源利用的公平性、生态系统的安全性。在丰水年时通过地表水和地下水合理分配，使得地下水资源在最大程度上得到补给，而在枯水年可通过适量超采地下水，使得工业、农业、生活用水得到满足，但一定要合理分配地下水和地表水，并采用高效利用水资源的有力措施，以满足目标ET要求，使得超采地下水的水资源量小于丰水年所补给地下水的水资源量，通过调节系统内部的蓄变量，最终达到地下水的动态平衡，地下水水位不再持续下降，从而达到系统内的水平衡。这种对ET进行控制，实现“真实节水”的管理理念称为ET管理理念[153]。

ET管理理念从促进整个区域社会经济持续发展角度出发，在不突破区域的最大可消耗水量即区域的目标ET的前提下，通过调整自然界水和社会水在循环过程产生的ET，提高整个区域用水效率，减少无效蒸发，保障水资源动态平衡。是实现真实节水、提高水资源管理能力和水平的主要手段。

4.3.3 ET计算方法

ET是国际通用的评价水资源和计算作物需水量的理论基础，是水资源分配和水环境评估的依据，国内外研究成果丰富，目前ET的计算已进入标准化和普适性阶段。但各种方法具有不同的适用条件，根据研究区域，选择最合适的公式有一定的难度。

1. *经验公式方法*

ET的计算公式有很多，有Penman公式，Slatyer和Mcicroy公式，Priestley和Tsylor公式，Penman - Monteith公式，Thom版Penman - Monteith公式等，这些公式在推求ET的应用中取得了一定的成功，但国际上影响最广泛的是Penman - Monteith公式。1948年Penman提出的潜在蒸腾蒸发量演变成为ET_0，1977年联合国粮农组织（FAO）给ET_0规定了明确的定义，1979年提出计算ET_0的Penman修正式，1965年Monteith提出了以能量平衡和水汽扩散为理论基础的Penman - Monteith。在1989年、1990年Allen和Jensen分别比较了当时所有关于ET_0计算的方法，认为最好用的是Penman - Monteith公式。但Hargreaves法[154]、Thornthwaite[155]和Blaney - Criddle法、也有较优于其他方法的方面，虽然精度较低，但在实际应用中仍具有重要意义。

经验公式方法可分析计算一个区域陆面和水面的潜在蒸腾蒸发量，或特定时段、特定条件下的实际蒸腾蒸发量，但不能反映生活用水和工业用水的消耗量。

2. *水平衡方法*

在天然状态下，一个闭合流域水量平衡方程表示为

$$P = R + \mathrm{ET} \pm \Delta W \tag{4.1}$$

式中 P——年降水量；

R——年地表、地下径流量；

ET——年蒸腾蒸发量；

ΔW——年蓄水变量。

当对一个流域的多年蓄水变量的变化求平均值时，$\Delta W = 0$，此时流域多年平均情况下水量平衡方程表示为

$$P = R + E \tag{4.2}$$

而对于一个区域而言，区域水量与外界交换频繁，多年平均区域水量平衡方程为

$$P + I - O = \mathrm{ET} \tag{4.3}$$

式中 I——多年平均流入量；

O——多年平均流出量（包括地表径流和地下径流）[156]。

水平衡方法可分析计算一个区域特定时段的水资源综合消耗量，既包括陆面和水面的蒸腾蒸发量，也包括生活用水和工业用水的消耗量。陆面的蒸腾蒸发量包括耕地和非耕地的蒸腾蒸发量，依据水量平衡原理计算区域陆面综合 ET 的过程如下

作物 ET 值、区域综合 ET 值计算

（1）单一作物 ET 值[157]

$$\mathrm{ET}_i=\sum(T_{\mathrm{h}i}-T_{\mathrm{q}i})+(T_{\mathrm{b}}-T_{\mathrm{s}}) \tag{4.4}$$

式中　ET_i——单一作物 ET 值；

$T_{\mathrm{q}i}$、$T_{\mathrm{h}i}$——第 i 次降水或灌水前后的土壤含水量；

T_{b}——作物种植前土壤含水量；

T_{s}——作物收获后的土壤含水量。

（2）作物平均 ET 值：

$$\overline{\mathrm{ET}}=\sum\frac{F_i}{F}\mathrm{ET}_i \tag{4.5}$$

或

$$\overline{\mathrm{ET}}=\sum f_i\times\mathrm{ET}_i \tag{4.6}$$

式中　$\overline{\mathrm{ET}}$——作物平均 ET 值；

F_i——该作物的种植面积；

F——耕地总面积；

f_i——单一作物种植面积与耕地面积的比值。

（3）综合 ET 值：

$$\mathrm{ET}_{\mathrm{z}}=\eta\,\overline{\mathrm{ET}}+(1-\eta)\times0.6\times\overline{\mathrm{ET}} \tag{4.7}$$

式中　ET_{z}——耕地和非耕地的综合 ET 值；

η——为耕地面积占总面积的百分比。

3. 遥感 ET

随着遥感技术的迅猛发展，将遥感数据与地面监测的气象、水文等数据相结合，为 ET 的估算开辟了一条新途径。遥感 ET 计算的优势：

（1）覆盖面广。遥感技术可以一次性的获取研究区域上的整体“连续分布”ET 信息，具有连续性、跨度大和更高的适用性[158]。

（2）数据处理高效。通过遥感技术快速准确地获取地面上 ET 特征，处理过程自动化程度高，组成多尺度、连续的特征信息库，对 ET 进行实时动态监测，为水资源管理决策提供科学的技术支持。

（3）利用遥感技术观测 ET 更省工、省力。采用遥感 ET 技术，对传统的 ET 观测方法加以改进。根据遥感 ET 的结果，对区域中种植结构不合理的部

分进行调整。

各种技术都有其不足之处，遥感ET计算的不足：因为遥感ET的信息是瞬时的，时程上不连续，不能充分反映时段内气象条件和土壤水分条件的变化，所估算的相应时段遥感ET值精度还有待提高。

4.3.4 基于ET管理的水权分配

我国的《中华人民共和国水法》规定水资源的所有权是属于国家的，传统的水权分配是在一定取水量的基础上，一个用水者把水权卖给了另一个用水者，只考虑了水权交易，没有考虑到耗水量。若水权从ET值低的用水户交易给了ET值很高的用水户，就会导致水资源损耗加剧，没有达到控制水资源使用的目的。基于ET管理的水权分配，是以一个流域或区域的水资源条件为基础，以生态环境良性循环为条件，满足经济可持续发展和社会和谐要求为目标，制定流域或区域合理的可消耗水量，即确定目标ET。在目标ET的控制下，解决水资源短缺及由此引发的生态与水环境恶化问题，合理开采区域地下水，在多年平均情况下，实现地下水动态平衡。

基于ET管理理念，研究区域ET与区域地表用水、地下用水的内在联系及其相互协调关系，构建以ET为中心的水平衡机制，探讨水资源利用量的分配方法和总量控制技术，逐步形成更具科学性、先进性、有效性和可操作性的区域用水水权分配与管理体系。水权分配包括：区域目标ET水权分配，地表用水水权分配、地下用水水权分配。

1. 目标ET水权分配

ET水权所分配的水量是广义上的可利用水资源总量，即区域降水量与可利用的入境水量之和。就多年平均而言，区域的水资源允许消耗量等于区域的可利用水资源量。在考虑社会经济和生态环境用水、兼顾上下游与左右岸公平用水的要求下，区域的允许可消耗水量即为区域目标ET。区域目标ET水权所分配的水量，既包括可控水资源量，也包括不可控水资源量。区域降水形成的地表径流、地下径流以及入境水是可控的水资源量，降水形成的土壤水是不可控水资源量。区域目标ET分配所遵循的原则及作用如下：

（1）确定水权的范围，有利于拥有水权方在水权范围合理使用水权；

（2）把目标ET分配与ET定额管理相结合，以此作为水管理体制；

（3）根据ET值进行水权分配，为用水组织提供水资源保护；

（4）为了更好地保护河流水质，将退水纳入水权管理，更好地约束排水行为[37]；

（5）目标ET的分配以区域可利用水资源总量为准则，考虑以丰补欠，在丰、平、枯水年分别确定目标ET分配方式，使地下水动态平衡，既保障水资源可持续利用，也保障社会经济可持续发展。

2. 地表水水权分配

地表水水权分配的水量为区域地表水水资源可利用量，包括区域自产地表径流、天然入境水量、人工外调水量及再生水。地表水水权分配所遵循的原则如下：

(1) 以供定需，供耗平衡，控制水资源总量。

(2) 高效利用水资源，充分考虑节水措施、水资源高效利用技术。

(3) 生活用水优先；跨区引水尊重现状，适应发展。

(4) 在时程、空间调度方面，考虑以丰补歉，分别确定丰、平、枯水年的地表水水权分配方式。

3. 地下水水权分配

地下水水权分配的水量为区域地下水资源可开采量，包括不同水文地质单元的浅层淡水、微咸水和咸水。地下水水权分配所遵循的原则如下：

(1) 以供定需，供耗平衡，控制水资源总量。

(2) 高效利用水资源，充分考虑农业节水措施、水资源高效利用技术。

(3) 充分考虑地表水、地下水之间的补排关系，联合调配。

(4) 考虑以丰补歉，分别确定丰、平、枯水年的地下水水权分配方式；枯水年适当多采，丰水年回补，使地下水达到动态平衡。

4. 水权分配方法

(1) 可利用水资源量计算。依据多年的区域降水量、河流入境水量、地下水侧向补给量、人工外调水量、河流出境水量和地下水侧向流出量资料，分析区域逐年可利用水资源量，年降水量与汇入区域可被利用的年水量之和为该区域的年可利用水资源量，采用数理统计法推求多年平均以及丰、平、枯水年的可利用水资源量。

(2) 目标ET分配。

1) 区域目标ET：将区域多年平均可利用水资源量确定为该区域目标ET，表征区域水资源最大可消耗量，既包括可控水资源量，也包括不可控水资源量。

2) 丰、平、枯水年目标ET：若不考虑以丰补歉，即不人为调节时程，可将丰、平、枯水年的可利用水资源量确定为丰、平、枯水年目标ET；为了合理利用水资源，满足经济社会用水需求，应考虑以丰补歉，在地下水动态平衡的准则下，依据区域丰、枯水年需水量，以及相应的地表水、地下水资源量和水利工程调蓄能力，合理调配丰、枯水年的可利用水资源量，在丰水年预留适当的水资源量弥补枯水年可利用水资源量的不足，以丰水年可利用水资源量扣除预留的水资源量、枯水年可利用水资源量加上预留的水资源量分别作为丰、枯水年的目标 ET；仍将平水年的可利用水资源量作为平水年目标 ET。

3）各子区域目标 ET：首先分配区域入境水量，包括河流入境水量和人工外调水量，在尊重用水现状、考虑社会经济和生态环境用水、兼顾上下游与左右岸公平用水以及总量控制的前提下，合理配置各子区域可利用的河流入境水量和人工外调水量，然后加上相应子区域的降水量，即为各子区域的可利用水资源量；各子区域丰、平、枯水年以及多年平均目标 ET 的确定方法同区域目标 ET。

（3）地表水水权分配。地表水水权分配可分为两个阶段，第一阶段分配区域总的入境水量，分配方法相同于“各子区域目标 ET”中的区域入境水量分配，推求各子区域多年平均以及丰、平、枯水年的可利用入境水量；第二阶段，依据前述地表水水权分配所遵循的原则，分配子区域地表水资源（包括入境水量和当地地表径流量）在丰、平、枯水年的可利用量，以满足子区域用水在时程和空间上的需求。

（4）地下水水权分配。依据前述地下水水权分配所遵循的原则，分配子区域地下水资源在丰、平、枯水年的可利用量。

地表水和地下水的水权分配仅分配可控水资源量，不包括不可控水资源量，并且要在目标 ET 约束下进行供水分配。

强调 ET 指标在区域行业及时程上分配，以 ET 分配成果为约束再进行地表水、地下水的分配，构建以 ET 为中心的水平衡机制，探讨分区分级水资源开发利用总量控制指标体系。

4.4 研究区域的水权分配

4.4.1 研究区域可消耗 ET 的分析

1. 降水量分析

依据 1956—2015 年区域历年各雨量站的年降水系列研究资料，采用算数平均值法求得邯郸市东部平原历年区域降水量，见图 4.2；通过数理统计方法，采用 P－Ⅲ型曲线进行频率分析，计算得出邯郸市东部平原设计年降水量，设计值分别为：多年平均降水量为 521.9mm、丰水年为 605.09mm、平水年为 502.77mm、枯水年为 422.68mm。

2. 入出境水量分析

研究区域境内有两个水系：①子牙河水系，包括滏阳河和洺河，滏阳河水

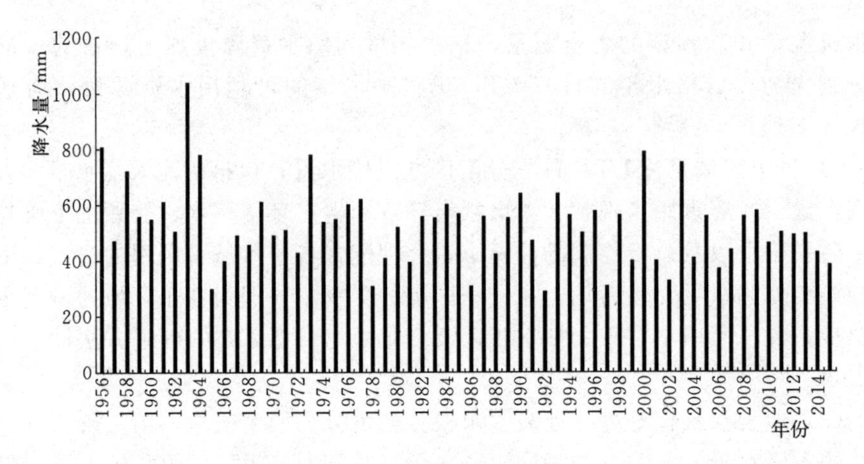

图 4.2　历年年均降水量

经东武仕水库调节入境，洺河入境水量较少，两河均在鸡泽县出境；②南运河水系，包括卫河和漳河，漳河水经岳城水库调节入境，卫河入境水无调蓄工程，水量时程分配不均、水质较差，两河汇合后在馆陶县出境。除此之外，2010 年起引黄河水约 0.3 亿 m^3/年；现状年引黄水 1.39 亿 m^3；规划水平年引黄入冀 2.8 亿 m^3，其中分配给邯郸市用水 1.8 亿 m^3；2014 年起经南水北调中线调入水量为 3.5 亿 m^3/年。依据 1990 至 2015 年入出境水量资料分析，多年平均总入境水量为 12.83 亿 m^3，多年平均出境水量为 8.53 亿 m^3。为保持系列一致性，入出境水量不含近期的引黄水和南水北调水。逐年出入境水量详情见图 4.3。

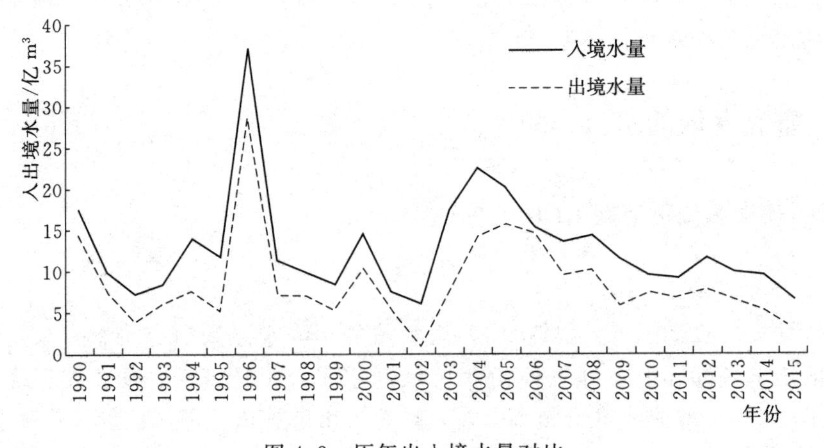

图 4.3　历年出入境水量对比

3. 可消耗 ET 分析

根据水量平衡关系，在现状供用水条件下，区域可消耗 ET 为区域降水量与入境水量之和减去出境水量。考虑供用水条件、经济社会状况以及与未来发展的一致性，选取1990—2015年的入出境水量资料作为代表系列，分析历年区域可利用的入境水量，结合区域历年降水量计算区域历年可消耗水量（即区域ET，包括可控水资源和不可控水资源）。研究区域1990—2015年多年平均ET为41.89亿m^3，历年可消耗ET值见表4.1和图4.4。

表4.1　历年可消耗ET值

年份	降水量		总入境	总出境	可消耗ET	
	亿m^3	mm	亿m^3	亿m^3	亿m^3	mm
1990	49.9	657.13	17.47	14.06	53.36	702.05
1991	36.2	476.74	9.82	7.38	38.67	508.83
1992	21.6	283.7	7.2	3.63	25.14	330.74
1993	50	657.99	8.38	6	52.38	689.27
1994	41.2	542.12	13.91	7.58	47.53	625.45
1995	36.9	485.99	11.55	5.12	43.37	570.61
1996	42.1	553.37	37.29	28.89	50.45	663.86
1997	24.1	316.65	11.2	7.05	28.22	371.27
1998	40.5	532.76	9.91	7.04	43.36	570.55
1999	30.8	404.67	8.27	5.07	33.95	446.69
2000	59	776.02	14.57	10.2	63.34	833.45
2001	30.7	404.15	7.33	5.25	32.79	431.43
2002	25.2	331.72	6.05	0.72	30.55	401.93
2003	56.3	740.23	17.33	7.38	66.21	871.15
2004	32.3	424.52	22.68	14.07	40.88	537.88
2005	40.9	538.79	20.1	15.92	45.12	593.66
2006	27.8	365.61	15.18	14.41	28.56	375.75
2007	34.1	448.87	13.49	9.56	38.05	500.6
2008	40.8	536.84	14.21	10.33	44.68	587.84
2009	43.6	574.3	11.44	5.82	49.26	648.19
2010	36.1	474.97	9.57	7.26	38.42	505.49
2011	38.6	507.47	9.01	6.75	40.82	537.15
2012	38.1	500.99	11.57	7.78	41.87	550.91
2013	38	500.42	9.95	6.34	41.65	547.98
2014	33.7	443.82	9.41	5.31	37.83	497.82
2015	29.1	382.38	6.63	2.88	32.81	431.71
多年平均	37.6	494.7	12.83	8.53	41.89	551.24

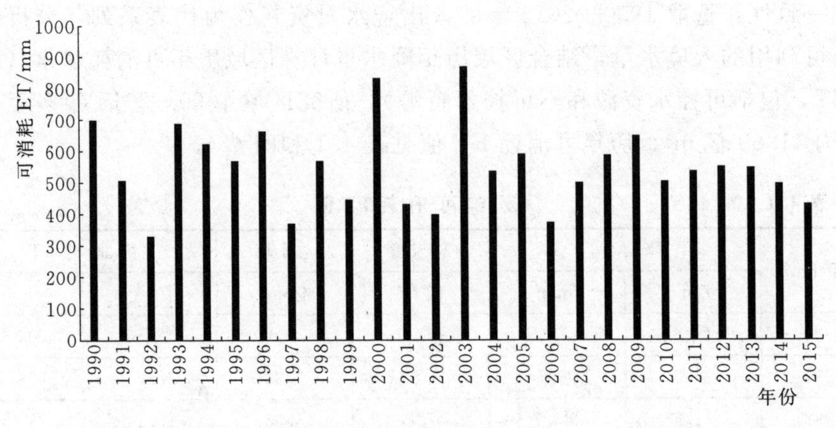

图4.4　历年ET可消耗值

4.4.2　研究区域目标ET分析

在研究区域，区域目标ET为区域的最大可消耗水量，包括可控水资源和不可控水资源。即水资源开发利用不造成地下水水位的持续降低，区域水资源系统内部可达到动态平衡。根据表4.1中1990—2015年的ET和降水系列值，可得到可消耗量与降水量的关系见图4.5。

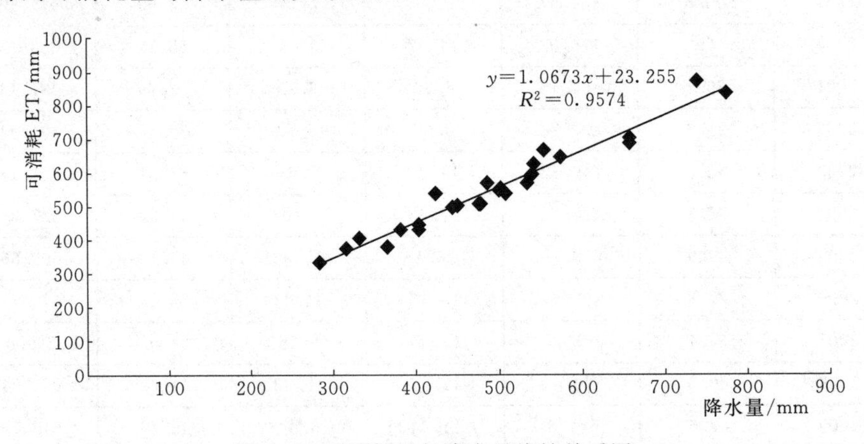

图4.5　可消耗量与降水量线性关系图

由图4.5可知，可消耗量与降水量之间的线性拟合度较好，表明可消耗量ET与降水量之间的线性关系较好。采用最小二乘法原理，求得可消耗量ET与降水量的相关方程为

$$ET_{可} = 1.0673P + 23.255 \tag{4.8}$$

$$R = 0.98$$

式中　$ET_{可}$——可消耗量；

P ——降水量；

R ——相关系数。

利用此关系曲线，由丰、平、枯水年的降水量可得丰、平、枯水年的最大可消耗量。由于1956—2015年的降水系列代表性较好，因此，在推求丰平枯水年目标ET时，应采用该降水量系列的设计值。考虑水资源利用的以丰补歉原则，依据研究区域水利工程设施及水资源开发利用水平，进行供需平衡分析，丰水年剩余的可控水资源中的地下水蓄存在地下含水层，地表水蓄存在水库（或坑塘）里；丰水年蓄存的地下水和地表水作为枯水年的水资源可利用量，以满足生产、生活用水。

根据以上分析，多年平均和平水年的目标ET为其相应的最大可消耗量；丰水年和枯水年的目标ET为

$$ET_{可} - \Delta w = ET_{目} \tag{4.9}$$

式中 $ET_{可}$ ——可消耗量；

Δw ——系统内部的蓄变量。

根据邯郸市水利发展规划，在现有水资源开发利用的基础上，现状水平年增加引黄水1.39亿m^3，南水北调水3.52亿m^3。因此，研究区域现状水平年多年平均和丰、平、枯水年的目标ET分别为51.31亿m^3、54.70亿m^3、48.37亿m^3、46.36亿m^3。

由此可得现状条件下多年平均以及丰、平、枯水年的目标ET成果见表4.2。

表4.2　　现状水平年目标ET成果表

保证率	降水量	最大可消耗ET		增加外调水	最大可消耗ET	蓄变量	目标ET	
							全区计算	分区调整
	mm	mm	亿m^3	亿m^3	亿m^3	亿m^3	亿m^3	亿m^3
25%	605.09	669.07	53.5	4.91	58.41	3.85	54.56	54.7
50%	502.77	559.86	44.77	4.91	49.68		49.68	48.37
75%	422.68	474.38	37.93	4.91	42.84	3.85	46.69	46.36
多年平均	521.9	580.28	46.4	4.91	51.31		51.31	51.31

根据邯郸市水利发展规划，2025规划水平年在现有的水资源开发利用基础上，引黄水增加到1.79亿m^3，南水北调水仍为3.52亿m^3。根据非常规水安全利用技术可增加微咸水和咸水的利用量。研究区域2025规划水平年多年平均和丰、平、枯水年的目标ET，依据2025规划水平年需水预测成果和丰、枯水年之间水量调节要求分析确定。

4.4.3 各行政分区目标ET分析

各行政分区目标ET即为县域可利用水资源量（或称最大可消耗量），包括可利用的县域外来水量和当地降水量。分区目标ET的计算原则与全区域目标ET的计算原则基本一致，但须协调各行政分区间对外来水（入境水）的利用量。

1. 现状水平年分区目标ET计算

(1) 推求各行政分区设计降水量：丰、平、枯水年降水量。

(2) 计算各行政分区设计地表径流量：丰、平、枯水年的产流量、可利用量及出境水量。

(3) 计算各行政分区设计地下水补给量：丰、平、枯水年的淡水量、微咸水量及咸水量。

(4) 合理分配各行政分区可利用的外来水量。依据历史用水及现状用水情况，结合各行政区需水及研究区相关分水规划，合理分配外来水（包括岳城水库、东武仕水库、卫河水、引黄水及南水北调水），各水源有各自的供水区，每个行政区均对应多种水源。

(5) 计算各行政分区丰、平、枯水年的可消耗量，包括可控水资源的可消耗量与不可控水资源的可消耗量。可控水资源的可消耗量包括自产地表水可利用量、地下淡水量、分配外来水量；不可控水资源的可消耗量为耕地、非耕地（含城镇）范围内下垫面直接蒸发或经植物散发的降水量，即扣除地表产流量与地下水补给量的降水量；自产地表水的出境水量、微咸水、咸水在现状水平年不作为可利用量；生活与工业用水产生的污水也不作为现状水平年的可利用量。

(6) 计算各行政分区丰、平、枯水年的目标ET：平水年的目标ET即为平水年的可消耗量；丰水年的目标ET等于丰水年可消耗量减去丰水年可控水资源的余水量；枯水年的目标ET等于枯水年可消耗量加上丰水年可控水资源的余水量。

各行政分区现状水平年目标ET计算见表4.3～表4.5。

2. 现状水平年目标ET与需水量比较

在现状水平年，微咸水、咸水和再生水不作为可利用水源，不同频率来水年份的目标ET与相应年份需水量比较结果如下：丰水年各行政分区需水要求均能满足；平水年和枯水年除磁县、邱县外其他各行政分区需水要求均不满足，总缺水量分别为8.13亿m^3和13.10亿m^3。各行政分区的具体情况详见表4.6。

同理，2025规划水平年不同保证率的各行政分区目标ET，待获得需水预测成果后，依据丰、枯水年之间水量调节要求分析确定。

表 4.3 现状水平年丰水年目标 ET 计算表 单位：万 m^3

行政分区	降水量	地表水		地下淡水	入境水	可消耗量	目标 ET	未利用地下水		不可控水资源
		产流量	可利用量					微咸水	咸水	蒸散发
磁　县	17618.0	1025.6	683.7	3735.5	6953.3	24229.4	17929.1			12857.0
永年区	45612.8	2212.6	1475.1	9775.1	5299.9	46437.7	53487.9	2088.0	1649.4	29887.7
复兴区	14902.1	2602.4	836.8	1647.9	8369.9	21506.4	22146.3			10651.8
邯山区	25691.2	4486.5	1455.3	2848.0	15063.1	37723.0	38347.1			18356.7
丛台区	23902.9	4174.3	1346.2	2645.4	13996.2	35071.1	35574.4			17083.3
临漳县	44642.9	1819.1	1212.7	9648.6	11377.7	52745.1	50158.2	1491.2	1177.9	30506.1
成安县	29160.8	1318.4	878.9	6271.9	10830.0	37816.4	30230.0	969.3	765.7	19835.6
魏　县	56416.0	2528.7	1685.8	12139.1	18676.2	70249.4	60428.7	2234.9	1764.9	37748.3
广平县	18541.3	827.5	551.7	3990.4	5674.7	22836.3	20569.6	616.7	487.2	12619.6
肥乡区	30435.3	1373.1	915.4	6546.7	5525.7	33692.4	32822.9	1011.8	799.2	20704.5
曲周县	38977.3	1739.5	1159.7	8388.6	5281.3	40570.4	40429.4	1736.6	1371.8	25740.9
鸡泽县	19378.0	865.9	577.2	4170.2	3012.1	20581.9	22617.4	849.2	670.3	12822.4
邱　县	27134.0	1184.6	789.8	5845.9	4423.5	29545.5	23847.5	903.5	713.7	18486.4
大名县	64557.2	2505.3	1670.2	13982.1	17509.9	77364.2	67265.2	2160.9	1706.9	44201.9
馆陶县	28719.4	1290.7	860.4	6178.8	8768.6	35168.5	31163.0	1054.9	834.3	19360.7
合　计	485689.1	29954.1	16098.8	97814.2	140762.1	585537.8	547016.6	15117.1	11941.2	330862.6

表 4.4 现状水平年平水年目标 ET 统计表 单位：万 m^3

行政分区	降水量	地表水		地下淡水	入境水	可消耗量	目标 ET	未利用地下水		不可控水资源
		产流量	可利用量					微咸水	咸水	蒸散发
磁　县	14641.1	109.7	109.7	2686.2	5348.5	19989.6	19989.6	0.0	0.0	11845.2
永年区	38729.3	254.0	254.0	7105.5	4785.7	40817.6	40817.6	1507.1	1190.5	28672.3
复兴区	12253.3	1722.0	645.0	1404.4	7488.5	18664.7	18664.7	0.0	0.0	9126.8
邯山区	21124.6	2968.7	1121.7	2428.9	13153.3	32430.9	32430.9	0.0	0.0	15727.0
丛台区	19654.2	2762.1	1037.6	2255.1	12233.4	30163.1	30163.1	0.0	0.0	14637.1
临漳县	37370.4	192.6	192.6	6856.2	4995.4	40439.3	40439.3	1076.3	850.2	28395.1
成安县	24233.6	127.1	127.1	4446.1	4737.9	27719.2	27719.2	699.6	552.6	18408.2
魏　县	46541.3	226.7	226.7	8538.8	13094.3	56748.7	56748.7	1613.1	1273.8	34888.9

续表

行政分区	降水量	地表水		地下淡水	入境水	可消耗量	目标ET	未利用地下水		不可控水资源
		产流量	可利用量					微咸水	咸水	蒸散发
广平县	15245.6	71.4	71.4	2797.1	3934.1	18383.0	18383.0	445.1	351.6	11580.4
肥乡区	25292.8	130.3	130.3	4640.4	3785.1	27770.7	27770.7	730.3	576.9	19214.9
曲周县	31918.5	149.5	149.5	5856.0	4473.3	34148.3	34148.3	1253.4	990.1	23669.5
鸡泽县	15868.6	75.2	75.2	2911.4	2571.3	17343.2	17343.2	612.9	483.8	11785.4
邱　县	22395.0	94.4	94.4	4108.7	4203.2	25431.0	25431.0	652.1	515.1	17024.7
大名县	54814.9	205.4	205.4	10056.7	12448.3	64471.5	64471.5	1559.7	1232.0	41761.1
馆陶县	24568.9	122.5	122.5	4507.6	5937.7	29142.9	29142.9	761.4	602.2	18575.2
合　计	404652.0	9211.7	4563.1	70598.8	103189.9	483663.6	483663.6	10911.0	8618.7	305311.8

表4.5　　现状水平年枯水年目标ET统计表　　单位：万 m^3

行政分区	降水量	地表水		地下淡水	入境水	可消耗量	目标ET	未利用地下水		不可控水资源
		产流量	可利用量					微咸水	咸水	蒸散发
磁　县	12342.4	65.4	65.4	1280.5	4951.9	17294.4	23594.7			10996.6
永年区	33213.9	146.6	146.6	3445.8	4595.4	36518.0	29467.9	721.4	569.9	28330.1
复兴区	10151.3	896.4	420.9	680.7	7162.3	16838.1	16198.2	0.0	0.0	8574.3
邯山区	17500.9	1545.3	731.9	1178.5	12446.5	29134.1	28510.0	0.0	0.0	14777.1
丛台区	16282.7	1437.7	677.0	1093.4	11580.9	27103.0	26599.6	0.0	0.0	13751.6
临漳县	31708.2	98.0	98.0	3289.6	4081.0	34867.0	37453.9	515.2	407.0	27398.4
成安县	20428.9	64.9	64.9	2119.4	3865.0	23694.4	31280.9	334.9	264.6	17645.1
魏　县	38981.3	110.1	110.1	4044.2	11986.2	49585.5	59406.3	772.2	609.8	33445.1
广平县	12630.4	33.5	33.5	1310.4	3684.7	15933.7	18200.4	213.1	168.3	10905.2
肥乡区	21321.7	65.9	65.9	2212.1	3535.7	24231.7	25101.2	349.6	276.1	18418.1
曲周县	26562.0	70.4	70.4	2755.7	4174.3	29662.3	29803.3	600.0	474.0	22662.0
鸡泽县	13205.6	35.6	35.6	1370.0	2408.2	15088.8	13053.4	293.4	231.6	11274.9
邱　县	18668.8	41.2	41.2	1936.8	4121.6	22231.7	27929.7	312.2	246.6	16132.0
大名县	47008.7	83.0	83.0	4877.0	11363.3	57035.5	67134.5	746.6	589.8	40712.3

续表

行政分区	降水量	地表水		地下淡水	入境水	可消耗量	目标 ET	未利用地下水		不可控水资源
		产流量	可利用量					微咸水	咸水	蒸散发
馆陶县	21219.1	62.2	62.2	2201.4	5343.6	25910.0	29915.5	364.5	288.3	18302.8
合　计	341226.0	4756.3	2706.7	33795.5	95300.6	425128.2	463649.4	5223.1	4125.8	293325.4

表 4.6　　现状水平年目标 ET 与需水量比较表　　单位：亿 m^3

行政分区	丰水年				平水年				枯水年			
	目标 ET	不可控	需水量	差值	目标 ET	不可控	需水量	差值	目标 ET	不可控	需水量	差值
磁　县	1.79	1.29	0.51	0.00	2.00	1.18	0.58	0.23	2.36	1.10	0.62	0.64
永年区	5.35	2.99	2.36	0.00	4.08	2.87	2.61	−1.40	2.95	2.83	2.86	−2.75
复兴区	2.21	1.07	1.15	0.00	1.87	0.91	1.27	−0.31	1.62	0.86	1.38	−0.62
邯山区	3.83	1.84	2.00	0.00	3.24	1.57	2.20	−0.53	2.85	1.48	2.41	−1.03
丛台区	3.56	1.71	1.85	0.00	3.02	1.46	2.04	−0.49	2.66	1.38	2.23	−0.94
临漳县	5.02	3.05	1.97	0.00	4.04	2.84	2.41	−1.20	3.75	2.74	2.84	−1.84
成安县	3.02	1.98	1.04	0.00	2.77	1.84	1.32	−0.39	3.13	1.76	1.58	−0.21
魏　县	6.04	3.77	2.27	0.00	5.67	3.49	2.83	−0.65	5.94	3.34	3.36	−0.76
广平县	2.06	1.26	0.80	0.00	1.84	1.16	1.02	−0.34	1.82	1.09	1.23	−0.50
肥乡区	3.28	2.07	1.21	0.00	2.78	1.92	1.55	−0.70	2.51	1.84	1.88	−1.21
曲周县	4.04	2.57	1.47	0.00	3.41	2.37	1.85	−0.80	2.98	2.27	2.23	−1.51
鸡泽县	2.26	1.28	0.98	0.00	1.73	1.18	1.19	−0.63	1.31	1.13	1.39	−1.21
邱　县	2.38	1.85	0.54	0.00	2.54	1.70	0.79	0.05	2.79	1.61	1.04	0.14
大名县	6.73	4.42	2.31	0.00	6.45	4.18	2.86	−0.59	6.71	4.07	3.40	−0.76
馆陶县	3.12	1.94	1.18	0.00	2.91	1.86	1.44	−0.38	2.99	1.83	1.68	−0.52
合　计	54.70	33.09	21.62	0.00	48.37	30.53	25.96	−8.13	46.36	29.33	30.13	−13.10

4.4.4 地表水、地下水水权分配

依据前述地表水、地下水水权分配所遵循的原则和分配方法，在目标 ET 约束下，结合现状水平年各行政区的供水条件和需水预测成果，以及丰、枯水年之间水量调节要求，分析确定现状水平年地表水和地下水的分配方案。研究区域各行政分区不同水平年地表、地下水权详见表 4.7。

表 4.7　不同水平年地表、地下水权　单位：万 m^3

行政分区	丰水年				平水年				枯水年			
	目标 ET	地表水权	地下水权	不可控	目标 ET	地表水权	地下水权	不可控	目标 ET	地表水权	地下水权	不可控
磁　县	17929.1	5072.1	0.0	12857.0	19989.6	5458.2	389.9	11845.2	23594.7	6198.5	0.0	10996.6
永年区	53487.9	6775.0	9775.1	29887.7	40817.6	5039.7	7105.5	28672.3	29467.9	6125.7	3445.8	28330.1
复兴区	22146.3	9206.7	1647.9	10651.8	18664.7	8133.4	1404.4	9126.8	16198.2	7583.1	680.7	8574.3
邯山区	38347.1	16518.4	2848.0	18356.7	32430.9	14275.0	2428.9	15727.0	28510.0	13178.5	1178.5	14777.1
丛台区	35574.4	15342.4	2645.4	17083.3	30163.1	13270.9	2255.1	14637.1	26599.6	12258.0	1093.4	13751.6
临漳县	50158.2	12590.4	7061.7	30506.1	40439.3	5188.0	6856.2	28395.1	37453.9	4179.0	5876.5	27398.4
成安县	30230.0	10394.5	0.0	19835.6	27719.2	4865.0	4446.1	18408.2	31280.9	5244.5	8391.3	17645.1
魏　县	60428.7	20362.0	2318.3	37748.3	56748.7	13321.1	8538.8	34888.9	59406.3	12096.3	13864.9	33445.1
广平县	20569.6	6226.4	1723.7	12619.6	18383.0	4005.5	2797.1	11580.4	18200.4	3718.2	3577.1	10905.2
肥乡区	32822.9	6441.1	5677.3	20704.5	27770.7	3915.4	4640.4	19214.9	25101.2	3601.6	3081.5	18418.1
曲周县	40429.4	6440.9	8247.6	25740.9	34148.3	4622.8	5856.0	23669.5	29803.3	4244.6	2896.7	22662.0
鸡泽县	22617.4	3589.3	4170.2	12822.4	17343.2	2646.5	2911.4	11785.4	13053.4	2443.9	1370.0	11274.9
邱　县	23847.5	5213.3	147.8	18486.4	25431.0	4297.6	3628.3	17024.7	27929.7	4162.8	6217.3	16132.0
大名县	67265.2	19180.1	3883.1	44201.9	64471.5	12653.7	10056.7	41761.1	67134.5	11446.3	14975.9	40712.3
馆陶县	31163.0	9629.0	2173.3	19360.7	29142.9	6060.2	4507.6	18575.2	29915.5	5405.8	6206.9	18302.8
合　计	547016.6	152981.6	52319.4	330862.6	483663.6	107753.0	67822.1	305311.8	463649.4	101886.7	79191.0	293325.4

第5章　农业节水与高效用水研究

邯郸市东部平原是农业主产区，水资源匮乏，农业用水量占当地用水量80%以上；当前各行政分区农田主要以传统的方式灌溉（地表水灌区大水漫灌、井灌区长畦宽畦等），灌溉方式落后，水资源利用效率不高。

在严格的水资源管理制度下，区域水资源利用实行总量控制，未来农业用水所分配的水量势必减少。要在有限的水资源条件下提高农业经济，保证粮食安全、实现农民增产增收，不降低农民经济收入，只能通过“开源”“节流”技术措施来实现。

（1）开源：对研究区域内现状没有得到充分合理利用的非常规水资源（再生水和微咸水），根据不同的水质情况，实行非常规水源安全利用的技术和适宜模式。

（2）节流：通过各种节水措施，发展高效用水农业，提高水资源的利用效率，减少水资源的浪费。

5.1　再生水、微咸水安全利用途径

1. 再生水

随着城市的发展，城市生活污水的产生量越来越大，合理安全的利用污水可以缓解水资源紧缺的局面，解决城市污水排放的问题。利用再生水灌溉可作为发展农业生产和减轻环境污染的措施，但是如果再生水灌溉制度不合理、水质不达标，会导致环境恶化、农作物减产、粮食污染和食品质量下降等问题，直接伤害人类健康[159]。通过灌溉试验发现，长期利用再生水灌溉农作物，会使土壤及农作物的重金属含量累积，造成农作物体内的个别重金属含量超标，对人体健康具有潜在威胁。

因此，结合邯郸市再生水的空间分布状况以及水生态、水环境需水状况，再生水不宜作为农业灌溉水源，应作为生态环境用水或工业用水。

2. 微咸水

邯郸市东部平原微咸水、咸水资源广泛分布，既有浅层微咸水又有深层微咸水，由于条件所限，微咸水和咸水没有得到充分的利用。如果用一定量的淡水稀释微咸水或咸水（即咸淡混灌），使其能够满足作物生长需要，就可以充

分利用微咸水和咸水，也使水资源得到了合理的开发利用。

为了缓解水资源短缺的供需矛盾，可在有条件的区域采用淡水和微咸水、咸水轮灌或混浇的方式。通过灌溉试验发现，采用咸淡水轮灌的方式进行灌溉，土壤中含盐量比直灌方式土壤的含盐量低，更有利用作物的生长发育，因此从安全用水模式角度来看，采用咸淡轮灌的方法比较适用[160]。

在水资源短缺的情况下，只要采用适当的技术措施，微咸水和咸水也可以作为水资源来利用；由于任何作物对盐的吸收都有极限的，超过耐盐极限就不能被作物利用。合理配置咸淡水比例进行轮灌，可减少微咸水和咸水灌溉对土质及农作物产量的不利影响，建议淡水和微咸水的比例约为1∶1，淡水和咸水的比例约为2∶1，以保证农作物的产量和品质。此结论为区域水资源的水权分配和多水源联合配置提供理论依据和技术方法。

5.2　农业高效用水途径

5.2.1　工程节水措施

1. 渠道防渗

灌溉水在渠道输送过程中沿途会有损失，主要是渠道的渗水和漏水。如果渗漏损失量大，不仅浪费灌溉水，减少可能灌溉的面积，而且会使灌溉工程效益降低，灌溉成本增加。因此，对渠道进行防渗能够充分发挥水资源的效益，提高节水潜力。

2. 低压管道输水

用管道从灌溉水源引水输送到田间渠系或田间，是以管道代替明渠输水灌溉的一种工程形式。灌水时使用较低的压力，通过压力管道系统，把水输送到田间沟、畦来灌溉农田[161]。根据管灌技术的试点经验和发展实践可知，管道灌溉可以减少渗漏和蒸发损失，提高水的有效利用率。田间灌溉水损失和浪费小，田间水的有效利用率一般可达90%以上，节水效果明显。

3. 节水型地面灌溉技术

地面灌溉技术是发展中国家广泛应用的灌溉方法，我国许多的灌溉面积仍采用地面灌溉方法。近年来随着节水灌溉技术的发展[162]，在生产实践的基础上，吸取国外较先进的技术，人们对地面灌溉技术进行了改进和研究，形成了更行之有效的节水灌溉技术。如小畦灌、长畦分段灌、沟畦结合灌、膜上灌和涌流灌等。

4. 喷灌节水

喷灌技术创始于19世纪末，是一种先进的节水灌溉技术。喷灌喷洒方式类似于降水，在人工控制下可不产生地面径流和深层渗漏，水的利用率可达到60%～85%，灌水均匀度为80%～90%，相比传统的地面灌可节水20%～30%。而且喷灌的适应性很强，不受地形土壤条件限制，平地、岗坡等都可以采用喷灌。可以有效调解土壤水分和农田小气候，有利于作物生长，提高作物产量。但喷灌受风影响大，蒸发、飘移及截留损失大。

5. 微灌节水

微灌是一种新型的高效用水灌溉技术，包括滴灌、微喷灌、涌泉灌和地下渗灌。微灌属局部灌溉、精细灌溉，水的有效利用程度最高，约比地面灌节水50%～70%，比喷灌省水15%～20%。

5.2.2 农艺节水措施

农艺节水措施通过减少耕地无效蒸发和作物无效蒸腾量达到节约农业用水的目的。由于我国北方地区降水少，土壤水分缺乏，尤其是冬季干燥、春天干旱，干旱时间较长，影响土壤生产能力。这种尽量减少土壤蒸发和其他无效水分损失的抗旱技术称为保墒。我国抗旱保墒历史悠久，经验丰富，由于各地干旱程度不同，采用的保墒方法也有所不同，应根据实际情况选择适合的保墒技术，如耕作保墒、覆盖保墒和化学保墒等。

1. 耕作保墒

耕作保墒通过耕、耙、耱、锄、压等方法改善土壤耕作层结构，来减少土壤水分蒸发。雨后或灌水后及时疏松表土，割断表土以下毛细管，阻止土壤水的无效蒸发。

土壤纳蓄雨水越多，土壤保墒情况越好，旱季作物生产越稳定[163]。近年来，随着农业科技的发展，北方大部分地区根据当地的土壤水分动态变化规律，灵活运用耕作保墒技术，由一年一熟制改为两熟制，减少了土地的闲置。

2. 覆盖保墒

在我国北方干旱和半干旱地区，空气湿度很低，土壤蒸发十分严重，而土壤表面蒸发要浪费掉大量的水分。试验表明，土壤水分从地表蒸发的损失，一般占作物总耗水量的1/4～1/2，占全年的总降水量的55%～65%。土壤蒸发掉的水分对作物的生长发育没有意义，属于无效的蒸发，导致作物可从土壤中吸收的水分减少，为了提高土壤水的利用率，必须降低土壤蒸发造成的水量损失。通过地面覆盖，抑制土壤蒸发[164]，起到蓄水保墒，调节地温，改良土壤，保持水土和促进作物生长发育，达到节水增产的目的。

3. 改良品种

除了减少无效蒸发的工程节水外，还可以通过提高作物自身的水分利用效率来节水。改良品种是指选育优质高产抗旱的节水品种，具有御旱性强、水分利用率高的节水高产稳产等综合性状的优良作物品种，实现有限水资源条件下作物产量的最大化。我国从20世纪50年代以来，育成了一些作物的矮秆品种，起到了提高水分利用率的作用。选择水肥条件较好适宜当地生态类型的高产、优质、抗逆性强的优良作物品种。

4. 水肥综合管理

土壤的水分利用效率除了与作物种类[165]、品种有关外，还与土壤的肥力有关。试验研究表明：土壤肥力在很大程度上左右着产量和水分的转化，在适度范围内增加肥力，作物的总耗水量相差不多，但产量明显增长，耗水系数大幅下降，水分利用效率提高。进行水肥综合管理也是农业节水的一项重要措施。

5.2.3 管理节水措施

管理节水是实现农业高效用水的重要措施之一，能否使工程节水和农艺技术节水达到预期的节水效果，关键是能否管好、用好各项节水措施。大量的实践经验表明：灌溉节水潜力的50%来自于节水管理，科学的管理可使各种节水措施顺利实施。

高效用水技术通过各种节水管理技术，实现水资源的合理配置，根据作物的需水规律调配各种水源，最大限度地满足作物需水要求，达到节水增产目的[166]，具体管理节水技术如下。

(1) 节水灌溉制度。节水灌溉制度的核心是实行计划用水，而灌水预报又是计划用水的关键[167]。根据历史用水情况，结合气象因素、土壤因素及作物因素编制用水计划[168]。为了提高灌水预报的准确性，根据当时的田间水分状况[169]作物生长状况、作物的蒸腾蒸发量、地下水动态以及根据短期天气预报、作物生长趋势等最新预测信息为基础，对作物的需水做出比较准确的预测，即实时灌溉预报。

(2) 土壤墒情监测与预报。土壤墒情是科学地控制、调节土壤水分状况[170]，进行节水灌溉，实现科学用水的基础。随着信息技术的高速发展，将遥感（RS）、地理信息系统（GIS）和全球定位（GPS）信息技术引入农业高效用水系统[171-173]，应用现代化手段提高农业用水效率。利用3S技术对土壤水分、气象动态、作物水分状况进行监测，为农业用水管理提供及时、精确的土壤墒情预报[174]。根据土壤墒情预报，对作物旱情进行分析，制定适宜的灌溉方案，减少不必要的灌水[175,176]。

5.3 研究区域高效用水规划

依据农业高效用水途径的具体措施：工程节水、农艺节水和管理节水，针对研究区农业用水状况，重点从种植结构、灌溉方式着手，构建适宜的农业用水结构体系。全面推行各种节水技术和措施，提高水资源利用效率。

5.3.1 农业种植结构调整

根据近年来邯郸市的农业发展情况，结合河北省地下水压采项目实施情况，以及农业节水要求，对邯郸市东部平原2025规划水平年的农业种植结构进行调整。

调整依据：①依据区域可利用水资源量和经济社会发展规划确定生活用水、工业用水和生态环境用水；②各行政区可利用水量扣除生活、工业、生态环境用水后，剩余水量作为该区域农业用水总量；③考虑丰、平、枯水年以丰补歉原则，以平水年农业可利用水量规划农业种植结构和相应作物的灌溉方式及灌水定额，使农业用水量与可供水量相同。

在邯郸市东部平原现有有效灌溉面积为760.3万亩且保持不变的情况下，对种植的各种作物比例进行调整，调整后的农业种植结构为：①大田作物种植面积为623.03万亩，其中小麦、玉米双季节种植，比例约占大田作物的80%；棉花、红薯、花生、油菜比例约占大田作物的20%；②蔬菜种植面积为105.96万亩，其中大棚黄瓜、西红柿种植面积为25%；其他蔬菜例如大蒜、土豆和白菜等的种植面积为75%；③林果种植面积为31.31万亩。④根据具体情况对部分耕地进行休耕，休耕面积为40.09万亩。

5.3.2 灌溉方式规划

根据不同的作物采用不同的灌溉方式，在满足作物需水的前提下，达到水的高效利用。

1. 大田作物

研究区域大田作物包括小麦、玉米、棉花、红薯、花生、油菜等，根据作物种类，结合实际情况，选用相应的高标准管灌和喷灌两种灌溉方式。

小麦、玉米采用管灌和喷灌两种灌溉方式，其中：采用高标准管灌面积约为313.24万亩（种植面积为272.15万亩，轮流休耕面积为41.09万亩），采用喷灌的面积为167.03万亩。棉花、红薯、花生、油菜等经济作物采用高标准管灌方式，灌溉面积为142.76万亩。

2. 菜田

研究区域种植的蔬菜种类有黄瓜、西红柿、大蒜、土豆和白菜等，种植面积为105.96万亩，均采用滴灌的灌溉方式。

3. 林果

邯郸东部平原区31.31万亩的林果均采用沟灌的灌溉方式。

5.3.3　灌溉试验

为了科学合理的确定不同作物在不同灌溉方式下的灌水定额，进行了灌溉对比试验，结合相关研究成果综合分析确定不同种植作物不同灌溉方式的亩均用水量。

1. 试验区选择

试验区分别位于邯郸市的馆陶县和成安县。作物种类包括小麦、玉米、黄瓜、西红柿、土豆。灌溉方式中包括：传统灌溉方式中的小白龙灌溉、大水漫灌；节水灌溉方式中的固定式喷灌、平移式喷灌、绞盘式喷灌、滴灌、微喷灌、高标准管灌等。

2. 对比灌溉试验

在所选试验区进行不同灌溉方式、不同作物的灌溉试验，小麦、玉米大田作物根据灌溉时间分次测试；黄瓜、西红柿、土豆等蔬菜大棚安装水表，进行全生育期灌溉观测。每次灌溉试验均记录灌溉方式、作物种类、畦长畦宽及平整度、灌溉面积、抽水流量、灌溉时间、用电量、机井类型等数据。

3. 灌水定额确定

为了掌握研究区域农民的灌溉习惯及农田耕作习惯，进行了走访调查，了解农户对不同节水灌溉方式的使用情况及认可程度。同时进行了灌溉对比试验，分别在传统灌溉区及节水措施灌溉区对同一作物进行不同灌溉方式的对比试验，获得不同作物不同灌溉方式的亩均次灌溉用水量和年灌水次数。

依据灌溉试验，不同作物分别采用传统灌溉方式和节水灌溉方式的定额分析如下：

(1) 传统的灌溉方式定额。

大田作物：小麦、玉米采用小白龙传统灌溉方式，次灌溉用水为70m^3/亩，平水年小麦灌溉3次、玉米灌溉1次，每年灌溉四次；棉花、红薯、花生、油菜等均采用小白龙传统灌溉方式，次灌溉用水为70m^3/亩，灌溉一次，种植比例占大田作物的20%。丰水年灌溉次数减少一次，枯水年灌溉次数增加一次。

蔬菜：大棚黄瓜、西红柿采用小畦灌溉方式，次灌溉用水为20m^3/亩，每年灌溉30次，灌溉定额为600m^3/亩；叶菜包括大蒜、白菜、萝卜、土豆，灌溉方式均为大水漫灌，灌溉定额分别为240m^3/亩、300m^3/亩、150m^3/亩、150m^3/亩。大棚菜丰、平、枯水年灌溉次数相同，其他蔬菜丰水年灌溉次数减少一次，枯水年灌溉次数增加一次。

林果：林果灌溉方式均采用大水漫灌。林木次灌溉用水为70m^3/亩，灌溉一次；果树次灌溉用水为70m^3/亩，灌溉两次。

（2）节水措施灌溉定额。

大田作物：平水年采用高标准管灌灌溉方式的小麦、玉米次灌溉用水为 50m³/亩，灌溉 4 次；采用喷灌灌溉方式的小麦、玉米，次灌溉用水为 35m³/亩，灌溉 5 次；采用高标准管灌灌溉方式的棉花、红薯、花生、油菜等经济作物次灌溉用水为 50m³/亩，灌溉 1 次。小麦、玉米的丰水年灌溉次数在平水年的基础上减少一次，枯水年灌溉次数在平水年的基础上增加一次；棉花等灌溉定额不变。计算出综合定额分别为：丰水年 125m³/亩、平水年 170 m³/亩、枯水年 215 m³/亩。

蔬菜：均采用滴灌灌溉方式，其中：大棚黄瓜、西红柿次灌溉用水为 14m³/亩，每年灌溉 30 次；大蒜和白菜、土豆和白菜次灌溉用水为 14m³/亩，灌溉次数分别为 15 次至 18 次。大棚菜丰、平、枯水年灌溉次数相同，其他蔬菜丰水年灌溉次数减少一次，枯水年灌溉次数增加一次。确定蔬菜的综合灌溉定额分别为：丰水年 182m³/亩，平水年 209m³/亩，枯水年 236m³/亩。

林果：林果灌溉方式采用沟灌。林木灌溉定额为 60m³/亩，丰、平、枯水年均灌溉一次；果树灌溉定额为 60m³/亩，丰水年灌溉一次、平水年灌溉两次、枯水年灌溉三次。确定综合灌溉定额丰水年 50m³/亩，平水年 90m³/亩，枯水年取 130m³/亩。

5.3.4 农业用水结构体系

根据研究区域的实际情况和未来的发展规划，构建种植结构，即确定不同作物的种植面积（含休耕），及不同灌溉方式（管灌、喷灌、滴管、沟灌）的面积。通过灌溉试验确定不同作物、不同灌溉方式的灌溉用水量。结合丰、平、枯水年的不同作物不同灌溉方式的灌水次数，由此建立符合研究区域的未来发展规划的农业用水结构体系（包括种植结构、灌溉方式和灌水定额）。具体的种植结构和灌溉方式见表 5.1，结合上述灌水定额构成特定的用水结构体系。

表 5.1　种植结构与灌溉方式　单位：万亩

行政分区	大田作物				菜田	林果地	合计
	小麦、玉米			棉花、油菜等			
	高标准管灌	喷灌	休耕	高标准管灌	滴灌	沟灌	
磁　县	3.55	0.82		1.09	0.65	0.21	6.32
永年区	16.21	10.30	3.00	7.38	23.33	3.20	63.42
复兴区	9.76	5.26	0.50	1.07	3.90	0.51	21.00
邯山区	13.38	7.21	2.50	5.77	6.78	0.88	36.52

续表

行政分区	大田作物				菜田	林果地	合计
	小麦、玉米			棉花、油菜等			
	高标准管灌	喷灌	休耕	高标准管灌	滴灌	沟灌	
丛台区	12.97	6.98	1.40	5.34	6.27	0.81	33.77
临漳县	25.54	17.68	7.30	12.63	10.20	1.80	75.15
成安县	16.36	11.29	4.60	13.82	6.44	5.10	57.61
魏　县	36.41	22.30	5.00	15.93	6.70	7.40	93.74
广平县	16.33	9.33	1.00	5.26	2.40	0.81	35.12
肥乡区	18.99	12.38	4.00	14.68	7.40	1.95	59.40
曲周县	22.27	14.68	5.00	13.90	6.82	1.38	64.05
鸡泽县	13.25	9.72	1.33	6.08	6.36	0.51	37.25
邱　县	15.10	8.40	0.50	12.92	3.40	1.17	41.49
大名县	35.80	20.87	2.96	19.88	7.42	3.90	90.84
馆陶县	16.23	9.81	2.00	7.01	7.89	1.68	44.62
合　计	272.15	167.03	41.09	142.76	105.96	31.31	760.30

第6章 研究区域规划水平年供需水关系研究

6.1 研究区域规划水平年可供水预测

依据非常规水源研究结论，微咸水、咸水在一定条件下可用于农业灌溉，本次供水预测将微咸水、咸水作为可供水量的一部分。研究区域的再生水多为生活污水和工业废水的混合水，含有一定的重金属，长期灌溉对土壤和植物品质有一定的影响，因此不作为农业灌溉用水，将再生水作为工业和环境生态可供水源。研究区域的地表水、地下水根据水质状况，依据一定供水原则，分别作为生活、工业、农业和环境生态的可供水源。

1. 地表水可供水量

2025 规划水平年地表可供水量包括：①原来的自产水量；②岳城水库、东武仕水库和卫河的来水；③南水北调水和引黄水。经过分析预测，不同水源的可供水量分别为：①地表自产水量为丰水年为 2.99 亿 m^3，平水年为 0.92 亿 m^3，枯水年为 0.48 亿 m^3。依据研究区域的蓄供水条件，丰平枯水年可利用水量分别为 1.61 亿 m^3，0.46 亿 m^3，0.27 亿 m^3；②岳城水库可供水量与现状水平年相同，分别为丰水年 5.18 亿 m^3；平水年 2.25 亿 m^3，枯水年 1.83 亿 m^3；③东武仕水库可供水量与现状水平年相同，分别为丰水年 2.40 亿 m^3，平水年 1.68 亿 m^3，枯水年 1.41 亿 m^3；④由于卫河水质较差，利用量较少，可供水量为丰水年为 1.58 亿 m^3，平水年为 1.48 亿 m^3，枯水年为 1.38 亿 m^3。

2. 地下水可供量

由于不同水平年的降水情况不同，补给地下的水量也不相同，因此地下水资源量也不同。研究区域 2025 规划水平年矿化度小于 2g/L 的地下淡水可开采量分别为：丰水年 9.78 亿 m^3，平水年 7.06 亿 m^3，枯水年 3.38 亿 m^3。

3. 微咸水及咸水可供水量

研究区域矿化度 2～3g/L 的微咸水可供水量为丰水年 1.51 亿 m^3，平水年 1.09 亿 m^3，枯水年 0.52 亿 m^3；矿化度 3～5g/L 的咸水可供水量为丰水年 1.19 亿 m^3，平水年 0.86 亿 m^3，枯水年 0.41 亿 m^3。

4. 外调水可供水量

南水北调工程向研究区域年均供水 3.52 亿 m^3。邯郸市引黄入邯可供水量为 1.39 亿 m³，引黄入冀补淀水量中供研究区域水量为 0.40 亿 m³，引黄水水量共 1.79 亿 m³。

5. 再生水可供水量

城镇生活用水的产污量按 80%计。工业用水的产污量按 20%计。服务业用水的产污量：复兴区、邯山区、丛台区按 80%计、其他县区按 50%计。污水回收系数：复兴区、邯山区、丛台区按 90%计、其他县区按 80%计。回收的污水 80%形成再生水。依据 2025 规划水平年研究区域需水预测结果，再生水可供水量为 2.02 亿 m³。

6. 2025 规划水平年可供水资源总量

分析预测得到的 2025 研究区域不同水平年可供水资源总量（包含再生水资源量）分别为：丰水年为 30.60 亿 m³，平水年为 22.21 亿 m³，枯水年为 16.54 亿 m³。2025 规划水平年各行政分区不同水平年可供水量预测成果详见表 6.1～表 6.3。

表 6.1　　2025 规划水平年丰水年可供水量预测　　单位：万 m³

行政分区	地表水					
	自产地表水	岳城水库	东武仕水库	引黄水	引卫水	南水北调水
磁　县	683.7	1450.9	2428.4			3074.0
永年区	1475.1		1699.9			3600.0
复兴区	836.8	1000.0	2914.1			4455.8
邯山区	1455.3	1000.0	6313.9			7749.2
丛台区	1346.2	1000.0	5828.2			7168.0
临漳县	1212.7	10639.7				738.0
成安县	878.9	10156.0				674.0
魏　县	1685.8	8705.2	0.0	3774.3	5688.0	2100.0
广平县	551.7	2901.7		2288.4		700.0
肥乡区	915.4	2901.7		1978.1		1000.0
曲周县	1159.7		2671.3	3401.6		553.0
鸡泽县	577.2		1457.1	975.4		600.0
邱　县	789.8		728.5	2792.7		1300.0
大名县	1670.2	7737.9		2445.9	6636.0	790.0
馆陶县	860.4	4352.6		240.0	3476.0	700.0
合　计	16098.8	51845.7	24041.4	17896.4	15800.0	35202.0

行政分区	地下水			小计	再生水	合计
	淡水	微咸水	咸水			
磁　县	3735.5			11372.5	751.0	12123.5
永年区	9775.1	2088.0	1649.4	20287.4	1526.3	21813.7

续表

行政分区	地下水			小计	再生水	合计
	淡水	微咸水	咸水			
复兴区	1647.9			10854.6	2054.4	12909.1
邯山区	2848.0			19366.4	3572.9	22939.3
丛台区	2645.4			17987.8	3305.0	21292.8
临漳县	9648.6	1491.2	1177.9	24908.1	1066.2	25974.2
成安县	6271.9	969.3	765.7	19715.9	1061.3	20777.1
魏　县	12139.1	2234.9	1764.9	38092.2	1417.9	39510.1
广平县	3990.4	616.7	487.2	11536.1	598.9	12134.9
肥乡区	6546.7	1011.8	799.2	15153.0	650.8	15803.8
曲周县	8388.6	1736.6	1371.8	19282.5	829.1	20111.6
鸡泽县	4170.2	849.2	670.3	9299.4	691.5	9990.9
邱　县	5845.9	903.5	713.7	13074.0	580.5	13654.5
大名县	13982.1	2160.9	1706.9	37130.0	1371.1	38501.1
馆陶县	6178.8	1054.9	834.3	17697.1	712.1	18409.1
合　计	97814.2	15117.1	11941.2	285756.8	20188.8	305945.7

表 6.2　　2025 规划水平年平水年可供水量预测　　单位：万 m^3

行政分区	地表水					
	自产地表水	岳城水库	东武仕水库	引黄水	引卫水	南水北调水
磁　县	109.7	580.6	1693.9			3074.0
永年区	254.0		1185.7			3600.0
复兴区	645.0	1000.0	2032.7			4455.8
邯山区	1121.7	1000.0	4404.1			7749.2
丛台区	1037.6	1000.0	4065.4			7168.0
临漳县	192.6	4257.4				738.0
成安县	127.1	4063.9				674.0
魏　县	226.7	3483.3		3774.3	5328.0	2100.0
广平县	71.4	1161.1		2288.4		700.0
肥乡区	130.3	1161.1		1978.1		1000.0
曲周县	149.5		1863.3	3401.6		553.0
鸡泽县	75.2		1016.3	975.4		600.0
邱　县	94.4		508.2	2792.7		1300.0

续表

行政分区	地表水					
	自产地表水	岳城水库	东武仕水库	引黄水	引卫水	南水北调水
大名县	205.4	3096.3		2445.9	6216.0	790.0
馆陶县	122.5	1741.7		240.0	3256.0	700.0
合　计	4563.1	22545.3	16769.6	17896.4	14800.0	35202.0

行政分区	地下水			小计	再生水	合计
	淡水	微咸水	咸水			
磁　县	2686.2			8144.3	751.0	8895.4
永年区	7105.5	1507.1	1190.5	14842.8	1526.3	16369.1
复兴区	1404.4			9537.9	2054.4	11592.3
邯山区	2428.9			16703.9	3572.9	20276.8
丛台区	2255.1			15526.0	3305.0	18831.0
临漳县	6856.2	1076.3	850.2	13970.6	1066.2	15036.8
成安县	4446.1	699.6	552.6	10563.3	1061.3	11624.6
魏　县	8538.8	1613.1	1273.8	26338.1	1417.9	27755.9
广平县	2797.1	445.1	351.6	7814.7	598.9	8413.6
肥乡区	4640.4	730.3	576.9	10217.1	650.8	10867.9
曲周县	5856.0	1253.4	990.1	14066.9	829.1	14896.0
鸡泽县	2911.4	612.9	483.8	6674.9	691.5	7366.5
邱　县	4108.7	652.1	515.1	9971.2	580.5	10551.7
大名县	10056.7	1559.7	1232.0	25601.9	1371.1	26973.0
馆陶县	4507.6	761.4	602.2	11931.3	712.1	12643.4
合　计	70598.8	10911.0	8618.7	201905.0	20188.8	222093.8

表6.3　2025规划水平年枯水年可供水量预测　单位：万 m^3

行政分区	地表水					
	可利用地表水	岳城水库	东武仕水库	引黄水	引卫水	南水北调水
磁　县	65.4	455.9	1422.1			3074.0
永年区	146.6		995.4			3600.0
复兴区	420.9	1000.0	1706.5			4455.8
邯山区	731.9	1000.0	3697.3			7749.2
丛台区	677.0	1000.0	3412.9			7168.0
临漳县	98.0	3343.0				738.0
成安县	64.9	3191.0				674.0

续表

行政分区	地表水					
	可利用地表水	岳城水库	东武仕水库	引黄水	引卫水	南水北调水
魏　县	110.1	2735.2	0.0	3774.3	4968.0	2100.0
广平县	33.5	911.7		2288.4		700.0
肥乡区	65.9	911.7		1978.1		1000.0
曲周县	70.4		1564.3	3401.6		553.0
鸡泽县	35.6		853.2	975.4		600.0
邱　县	41.2		426.6	2792.7		1300.0
大名县	83.0	2431.3		2445.9	5796.0	790.0
馆陶县	62.2	1367.6		240.0	3036.0	700.0
合　计	2706.7	18347.3	14078.3	17896.4	13800.0	35202.0

行政分区	地下水			小计	再生水	合计
	淡水	微咸水	咸水			
磁　县	1280.5			6297.8	751.0	7048.8
永年区	3445.8	721.4	569.9	9479.2	1526.3	11005.5
复兴区	680.7			8263.8	2054.4	10318.3
邯山区	1178.5			14357.0	3572.9	17929.9
丛台区	1093.4			13351.4	3305.0	16656.4
临漳县	3289.6	515.2	407.0	8390.8	1066.2	9456.9
成安县	2119.4	334.9	264.6	6648.8	1061.3	7710.1
魏　县	4044.2	772.2	609.8	19113.7	1417.9	20531.6
广平县	1310.4	213.1	168.3	5625.3	598.9	6224.2
肥乡区	2212.1	349.6	276.1	6793.5	650.8	7444.3
曲周县	2755.7	600.0	474.0	9418.9	829.1	10248.0
鸡泽县	1370.0	293.4	231.6	4359.3	691.5	5050.8
邱　县	1936.8	312.2	246.6	7056.1	580.5	7636.6
大名县	4877.0	746.6	589.8	17759.5	1371.1	19130.6
馆陶县	2201.4	364.5	288.3	8260.0	712.1	8972.0
合　计	33795.5	5223.1	4125.8	145175.0	20188.8	165363.9

6.2 研究区域规划水平年需水预测

需水量是一个随时间变化的多因素、多层次的复杂系统，经济、人口、生活水平、水资源开发利用状况、节水措施等都会对需水量产生影响。需水预测的方法较多，如趋势法、回归法、指标法、经验公式法、灰色预测法、人工神经网络法、用水定额预测法等[177]。无论采用哪种方法，在进行需水预测时，结合科技进步对未来用水的影响，对生活、农业、工业和生态在各规划水平年的用水量进行预测，预测时既要遵从过去的规律性，也要结合实际情况，使预测的需水量符合当地实际发展情况。

针对邯郸东部平原的水资源条件、用水现状及节水规划，进行该区域的可供水量及需水量预测。在农业需水预测时，特别加大了节水力度，依据农业节水与高效用水研究的结论，即根据规划的种植结构、灌溉方式和相应的灌水定额所形成的农业用水结构体系进行需水预测。

利用定额分析方法分别对研究区域规划水平年各行业的需水量进行分析计算，考虑沿程输水损失，根据输水工程的形式及距离确定管网漏失率。

1. 生活需水量预测

根据邯郸市国民经济和社会发展规划，结合近年来人口的实际增长状况，采用人口增长率法进行预测，到2025全市人口达到783.92万人，城镇化率61%。研究区域的总人口和城镇人口逐年上升，而农村人口逐年下降。

参考河北省地方标准《用水定额》，采用一定节水措施，2025城镇和农村居民生活用水净定额分别为110L/(人·d)、50L/(人·d)。

生活需水的增长速度是比较规律的，考虑不同水平年居民生活水平的提高程度，采用定额法进行预测。

生活净需水量为

$$W_{Ln}^{t} = 0.365 P^{t} Q_{L}^{t} \tag{6.1}$$

$$P^{t} = P^{t_0}\ (1+\varepsilon_{L}^{t})^{t-t_0} \text{ 或 } P^{t_2} = P^{t_1}\ (1+\varepsilon_{L}^{t_2})^{t_2-t_1} \tag{6.2}$$

生活毛需水量为

$$W_{Lg}^{t} = W_{Ln}^{t}/\eta_{L}^{t} = 0.365 P^{t} Q_{L}^{t}/\eta_{L}^{t} \tag{6.3}$$

式中 W_{Ln}^{t}——第 t 规划水平年净需水量，万 m^3；

t——规划水平年序号；

P^{t}——用水人口，万人；

Q_{L}^{t}——需水定额，L/(人·d)；

P^{t_0}——现状水平年用水人口数，万人；

ε_{L}^{t}、$\varepsilon_{L}^{t_2}$——分别为现状水平年 t_0 到第 t 规划水平年、第 t_1 到第 t_2 规划水平年人口平均增长率，%；

W_{Lg}^{t}——毛需水量，万 m^3；

η_{L}^{t}——供水系统水利用系数。

2. 工业需水量预测

工业需水量有较强的规律性，跟经济的发展和行业的工艺密切相关。预测2025工业增加值为960.32亿元。采用相应的节水措施使规划水平年的用水指标逐年降低，并结合邯郸市水资源“三条红线”控制指标，使2025工业万元增加值用水量降为$17m^3$/万元。

3. 建筑业需水量预测

对研究区域近几年建筑业发展情况进行分析，预计至2025规划水平年，研究区域房屋建筑施工面积将达到4162.49万m^2。2025规划水平年研究区域建筑业取水定额与河北省平均水平保持一致，取水定额为$0.5m^3/m^2$。

4. 第三产业需水量预测

根据国民经济增长、社会发展、城市生态和环境保护的要求，对第三产业需水量进行预测，预测2025规划水平年研究区域第三产业增加值为1528.16亿元，2025规划水平年研究区域第三产业万元增加值用水量为$10m^3$/万元。

5. 畜牧业需水量预测

参考《邯郸统计年鉴》可知、牲畜存栏年均增幅较稳定，到2025规划水平年大牲畜年均增幅为0.3%，小牲畜年均增幅2%。预测2025规划水平年大牲畜631.35万头，小牲畜10992.10万头。小牲畜用水定额取0.5L/[头(只)·d]，大牲畜用水定额取18L/[头(只)·d]。

6. 渔业需水量预测

近几年研究区域渔业基本维持稳定，到2025规划水平年鱼塘面积与现状年基本一致。采用适当的节水措施，研究区域渔业用水定额取$810m^3$/(亩·年)。

7. 生态环境需水量预测

生态环境需水量主要是河流最小生态流量、城区小型水域用水和绿地用水。

利用水质分析模拟程序WASP对河流的水质进行模拟研究，了解河流水质中的生化需氧量及溶解氧在河流流量、流速和水深等不同情况下的变化，掌握河流的纳污能力，确定合理的河湖的生态需水量。研究区域生态用水主要包括城镇绿化用水、环境卫生用水和河湖补水。根据现状年的具体情况，预测2025规划水平年城市绿地面积为22.89万亩、城市道路面积为12.38万亩、河湖水面面积为2.19万亩。绿地灌溉定额取$6000m^3/hm^2$，道路喷洒定额取$7000m^3/hm^2$，河湖补水定额按蒸发1480mm/年、渗漏360mm/年计算。

8. 农业需水量预测

农作物的需水量与气象条件、土壤含水状况、作物的种类及其生长发育阶段、农业技术措施、灌溉排水措施等因素有关[178]。随着工业的快速发展，农业用水被工业用水所挤占，因此农业需水量的预测，对水资源的开发利用、区域水资源的规划以及农业用水管理都具有重要的意义。研究区域种植的小麦和蔬菜都是高耗水作物，且自然生长期在春季，降水与作物灌溉需水在时间上不匹配，导致农作物需水量大，供需矛盾突出。为了合理充分利用水资源，减少地下水开采，保持地下水动态平衡，结合研究区域农民种植习惯，确定合理的种植结构，采用不同节水措施和相应的灌溉方式，在农业种植结构和灌溉方式上均应进行改进。

根据研究区域近年来农业发展情况、河北省地下水压采项目实施情况，以及农业节水要求，结合本书研究区域农业高效用水规划中确定的农业用水结构体系（包括种植结构、灌溉方式和灌溉定额），预测研究区域丰、平、枯水年的农业需水量。

9. 总需水量

2025规划水平年研究区域总需水量分别为：丰水年18.24亿m^3，平水年20.64亿m^3，枯水年22.93亿m^3。各行政区不同行业的需水量详见表6.4。

表6.4　2025规划水平年需水量预测成果表　单位：万m^3

行政分区	生活		第一产业				
	城镇	农村	农业25%	农业50%	农业75%	牲畜	渔业
磁县	445.1	150.7	635.7	1111.4	1389.0	347.7	157.5
永年区	1919.1	837.9	8648.5	10577.4	12506.3	966.2	1866.2
复兴区	1563.3	176.2	2989.0	3786.7	4584.4	136.2	15.7
邯山区	2718.8	306.5	4582.7	5722.3	6861.9	236.9	27.2
丛台区	2514.9	283.5	4371.7	5466.4	6561.1	219.1	25.2
临漳县	1472.0	640.9	8867.3	11073.3	13282.3	580.4	15.6
成安县	1059.6	336.3	6101.3	7590.2	9079.2	514.6	1.9
魏县	2127.5	810.4	11043.4	14121.2	17199.2	757.1	9.7
广平县	661.2	288.1	4495.3	5735.6	6975.6	149.6	1.9
肥乡区	814.8	408.2	6740.5	8362.1	9983.7	460.6	19.4
曲周县	985.4	489.1	7401.5	9267.9	11135.2	648.2	725.1
鸡泽县	627.1	317.4	4835.4	6029.9	7225.1	315.7	23.3
邱县	590.9	230.3	4752.7	5916.9	7081.2	401.8	196.3
大名县	1918.9	799.5	10832.3	14106.9	16586.4	893.2	194.4
馆陶县	805.2	306.8	6065.2	7437.3	8817.2	699.1	13.6
合计	20223.8	6381.9	92362.4	116305.5	139267.8	7326.1	3293.1

续表

行政分区	第二产业		第三产业	环境	合计		
	工业	建筑业			$P=25\%$	$P=50\%$	$P=75\%$
磁　县	1206.4	70.5	1152.2	284.5	4450.3	4926.0	5203.6
永年区	1444.8	122.7	1121.1	759.8	17686.3	19615.2	21544.1
复兴区	1129.0	402.1	1721.2	2095.0	10227.6	11025.3	11823.0
邯山区	1963.5	699.3	2993.4	3643.4	17171.6	18311.2	19450.7
丛台区	1816.2	646.9	2768.9	3370.2	16016.4	17111.1	18205.8
临漳县	698.5	46.3	697.1	777.3	13795.3	16001.3	18210.3
成安县	1436.7	15.5	1046.4	503.9	11016.2	12505.1	13994.0
魏　县	775.2	74.0	716.7	2228.1	18542.2	21620.0	24698.0
广平县	475.5	32.8	623.4	328.9	7056.7	8297.0	9537.0
肥乡区	688.0	24.2	455.0	526.9	10137.6	11759.2	13380.8
曲周县	1124.7	38.3	564.4	709.2	12685.8	14552.2	16419.5
鸡泽县	909.0	17.5	794.0	352.0	8191.3	9385.9	10581.1
邱　县	617.1	3.3	621.6	470.3	7884.4	9048.6	10212.9
大名县	1063.9	29.1	788.9	1103.0	17623.2	20897.9	23377.4
馆陶县	976.8	39.7	546.2	474.5	9927.0	11299.1	12679.1
合　计	16325.3	2262.2	16610.4	17626.7	182411.9	206355.0	229317.3

6.3 规划水平年供需平衡分析

规划水平年供需平衡分析的方法和原则与现状水平年基本一致。

配水次序原则：优先满足居民生活、工业、建筑业、服务业、牲畜、渔业和生态环境的用水，然后满足农业用水。

水源供水原则：优先利用地表水，地表水用水次序为自产地表水、南水北调水、引黄水、卫河水、岳城水库水和东武仕水库水，地表水不能满足时开采地下水。南水北调水优先供应生活、工业、服务业和牲畜用水，不足部分开采地下淡水；岳城水库、东武仕水库按照现状供水比例向各行政区分配水量，供应渔业、建筑业和农业用水；自产地表水、引黄水、卫河水主要供给农业用水；各行政区地下水仅在当地使用，满足其他行业用水后，剩余水量供给当地农业用水，地下淡水不能满足农业用水时，利用微咸水和咸水；再生水用于生态环境用水或工业。

供需平衡结果为：丰水年余水量为 11.05 亿 m^3；平水年余水量为 1.90 亿 m^3，

缺水量为1.62亿m^3；枯水年余水量为0.14亿m^3，缺水量为7.83亿m^3。各行政区缺水主要表现在农业方面，各行政区余缺水量详见表6.5。

由供需平衡结果可知：研究区域在规划水平年考虑了开源节流，基于非常规水源安全利用技术，合理利用微咸水、咸水和再生水；基于农业用水结构体系，提高了节水和水资源高效利用效果；并在水资源总量控制体系下，考虑了以丰补歉调控措施，可从根本上缓解水资源供需矛盾。

表6.5　各行政分区不同保证率供需平衡表　单位：万m^3

行政分区	可供水量			需水量			余缺水量		
	丰水年	平水年	枯水年	丰水年	平水年	枯水年	丰水年	平水年	枯水年
磁　县	11372.5	8144.3	6297.8	4165.8	4641.5	4919.1	7206.6	3502.8	1378.7
永年区	20287.4	14842.8	9479.2	16926.5	18855.4	20784.3	3361.0	−4012.6	−11305.1
复兴区	10854.6	9537.9	8263.8	10531.9	11329.6	12127.3	322.7	−1791.7	−3863.5
邯山区	19366.4	16703.9	14357.0	17700.8	18840.4	19979.9	1665.6	−2136.5	−5622.9
丛台区	17987.8	15526.0	13351.4	16505.9	17600.6	18695.3	1481.9	−2074.7	−5344.0
临漳县	24908.1	13970.6	8390.8	13018.0	15224.1	17433.1	11890.1	−1253.5	−9042.3
成安县	19715.9	10563.3	6648.8	10512.3	12001.2	13490.1	9203.6	−1437.9	−6841.3
魏　县	38092.2	26338.1	19113.7	16314.1	19391.9	22469.9	21778.1	6946.2	−3356.2
广平县	11536.1	7814.7	5625.3	6727.8	7968.1	9208.1	4808.2	−153.4	−3582.8
肥乡区	15153.0	10217.1	6793.5	9610.7	11232.3	12853.9	5542.2	−1015.3	−6060.5
曲周县	19282.5	14066.9	9418.9	11976.7	13843.1	15710.4	7305.9	223.9	−6291.4
鸡泽县	9299.4	6674.9	4359.3	7839.3	9033.9	10229.1	1460.0	−2359.0	−5869.8
邱　县	13074.0	9971.2	7056.1	7414.1	8578.3	9742.6	5659.9	1393.0	−2686.5
大名县	37130.0	25601.9	17759.5	16520.2	19794.8	22274.3	20609.8	5807.1	−4514.9
馆陶县	17697.1	11931.3	8260.0	9452.5	10824.6	12204.6	8244.6	1106.7	−3944.6
合　计	285756.8	201905.0	145175.1	175216.7	199159.8	222122.1	110540.1	2745.2	−76947.0

6.4 规划水平年目标ET分析

规划水平年目标ET分析的方法和原则与现状水平年基本一致。依据区域目标ET分配所遵循的原则和方法，考虑“以丰补歉”和地下水动态平衡的用水准则，分析确定规划水平年目标ET。

1. 研究区域规划水平年目标ET分析计算

（1）推求研究区域设计降水量：丰、平、枯水年降水量，方法与结果同前；

(2) 推求研究区域可消耗量：依据 1990—2015 年供用水资料系列推求，方法与结果同前；

(3) 确定研究区域规划水平年增加的可利用水量：包括不同频率的微咸水、咸水、引黄水、南水北调水、再生水，方法与结果同前；

(4) 依据供需平衡结果，确定区域蓄水变量：丰水年余水量、枯水年缺水量为区域蓄水变量，枯水年缺水量由丰水年补给；

(5) 分析确定研究区域规划水平年目标 ET：多年平均和平水年的最大可消耗量为其目标 ET，丰水年最大可消耗量减去补给枯水年的水量为其目标 ET，枯水年最大可消耗量加上丰水年补给的水量为其目标 ET。研究区域规划水平年目标 ET 详见表 6.6。

表 6.6　规划水平年目标 ET

频率	降水量	最大可消耗 ET		微咸水咸水	增加外调水	规划水平年最大可消耗 ET	蓄变量	目标 ET
	mm	mm	亿 m³	亿 m³	亿 m³	亿 m³	亿 m³	亿 m³
25%	605.09	669.07	53.5	2.71	5.31	61.52	7.69	53.83
50%	502.77	559.86	44.77	1.95	5.31	52.03		52.03
75%	422.68	474.38	37.93	0.93	5.31	44.17	7.69	51.86
多年平均	521.9	580.28	46.4	1.86	5.31	53.57		53.57

2. 各行政分区规划水平年目标 ET 计算

规划水平年各行政分区目标 ET 分析计算方法和原则与现状水平年基本一致。各行政分区设计降水量、设计地表径流量、设计地下水补给量的分析方法和成果同现状水平年；可利用的外来水的分析方法与现状水平年相同，引黄水量每年增加到 1.79 亿 m³；可消耗量的分析计算方法与现状水平年相同，增加了微咸水和咸水的可利用量。再生水可作为规划水平年的可利用量，因为此部分水量由生活和工业用水产生，所以不再计入可消耗量。

各行政分区丰、平、枯水年目标 ET 的计算：平水年的目标 ET 即为平水年的可消耗量；丰水年的目标 ET 等于丰水年可消耗量减去丰水年可控水资源的余水量；枯水年的目标 ET 等于枯水年可消耗量加上丰水年补给枯水年的缺水量。

分析计算成果详见各行政分区规划水平年目标 ET 计算表，表 6.7～表 6.9。

3. 规划水平年目标 ET 与需水量比较

在规划水平年不同频率来水年份的目标 ET 与相应年份需水量比较结果如下：丰水年各行政分区均能满足需水要求；平水年 8 个行政分区余水为 1.94

亿 m³，另 7 个行政分区缺水量为 0.37 亿 m³，总体余水为 1.57 亿 m³；枯水年 8 个行政分区余水为 4.28 亿 m³，另 7 个行政分区缺水量为 3.45 亿 m³，总体余水为 0.83 亿 m³。各行政分区的余缺水情况详见表 6.10。

表 6.7　　2025 规划水平年丰水年目标 ET 统计表　　单位：万 m³

行政分区	降水量	地表水		地下水			入境水	可消耗量	目标 ET	不可控水资源
		产流量	可利用量	淡水	微咸水	咸水				蒸散发
磁　县	17618.0	1025.6	683.7	3735.5			6953.3	24229.4	17733.4	12857.0
永年区	45612.8	2212.6	1475.1	9775.1	2088.0	1649.4	5299.9	50175.1	48768.3	29887.7
复兴区	14902.1	2602.4	836.8	1647.9			8369.9	21506.4	21536.0	10651.8
邯山区	25691.2	4486.5	1455.3	2848.0			15063.1	37723.0	37562.6	18356.7
丛台区	23902.9	4174.3	1346.2	2645.4			13996.2	35071.1	34991.3	17083.3
临漳县	44642.9	1819.1	1212.7	9648.6	1491.2	1177.9	11377.7	55414.2	45340.9	30506.1
成安县	29160.8	1318.4	878.9	6271.9	969.3	765.7	10830.0	39551.4	31614.6	19835.6
魏　县	56416.0	2528.7	1685.8	12139.1	2234.9	1764.9	20267.5	75840.6	56319.1	37748.3
广平县	18541.3	827.5	551.7	3990.4	616.7	487.2	5890.2	24155.6	20155.0	12619.6
肥乡区	30435.3	1373.1	915.4	6546.7	1011.8	799.2	5879.8	35857.5	31580.7	20704.5
曲周县	38977.3	1739.5	1159.7	8388.6	1736.6	1371.8	6625.9	45023.4	39291.9	25740.9
鸡泽县	19378.0	865.9	577.2	4170.2	849.2	670.3	3032.4	22121.8	21524.2	12822.4
邱　县	27134.0	1184.6	789.8	5845.9	903.5	713.7	4821.3	31560.4	26981.6	18486.4
大名县	64557.2	2505.3	1670.2	13982.1	2160.9	1706.9	17609.8	81331.9	63256.8	44201.9
馆陶县	28719.4	1290.7	860.4	6178.8	1054.9	834.3	8768.6	37057.7	30015.9	19360.7
合　计	485689.1	29954.1	16098.8	97814.2	15117.1	11941.2	144785.6	616619.5	526672.4	330862.6

表 6.8　　2025 规划水平年平水年目标 ET 统计表　　单位：万 m³

行政分区	降水量	地表水		地下水			入境水	可消耗量	目标 ET	不可控水资源
		产流量	可利用量	淡水	微咸水	咸水				蒸散发
磁　县	14641.1	109.7	109.7	2686.2			5348.5	19989.6	19989.6	11845.2
永年区	38729.3	254.0	254.0	7105.5	1507.1	1190.5	4785.7	47715.1	47715.1	28672.3
复兴区	12253.3	1722.0	645.0	1404.4			7488.5	19584.7	19584.7	9126.8
邯山区	21124.6	2968.7	1121.7	2428.9			13153.3	33440.9	33440.9	15727.0
丛台区	19654.2	2762.1	1037.6	2255.1			12233.4	31113.1	31113.1	14637.1
临漳县	37370.4	192.6	192.6	6856.2	1076.3	850.2	4995.4	43515.8	43515.8	28395.1

续表

行政分区	降水量	地表水		地下水			入境水	可消耗量	目标 ET	不可控水资源
		产流量	可利用量	淡水	微咸水	咸水				蒸散发
成安县	24233.6	127.1	127.1	4446.1	699.6	552.6	4737.9	30291.5	30291.5	18408.2
魏　县	46541.3	226.7	226.7	8538.8	1613.1	1273.8	14685.6	61226.9	61226.9	34888.9
广平县	15245.6	71.4	71.4	2797.1	445.1	351.6	4149.5	19485.1	19485.1	11580.4
肥乡区	25292.8	130.3	130.3	4640.4	730.3	576.9	4139.2	30412.0	30412.0	19214.9
曲周县	31918.5	149.5	149.5	5856.0	1253.4	990.1	5817.9	37836.4	37836.4	23669.5
鸡泽县	15868.6	75.2	75.2	2911.4	612.9	483.8	2591.7	20560.3	20560.3	11785.4
邱　县	22395.0	94.4	94.4	4108.7	652.1	515.1	4600.9	27075.9	27075.9	17024.7
大名县	54814.9	205.4	205.4	10056.7	1559.7	1232.0	12548.1	67363.0	67363.0	41761.1
馆陶县	24568.9	122.5	122.5	4507.6	761.4	602.2	5937.7	30606.5	30606.5	18575.2
合　计	404652.0	9211.7	4563.1	70598.8	10911.0	8618.7	107213.3	520216.8	520216.8	305311.8

表 6.9　　2025 规划水平年枯水年目标 ET 统计表　　单位：万 m^3

行政分区	降水量	地表水		地下水			入境水	可消耗量	目标 ET	不可控水资源
		产流量	可利用量	淡水	微咸水	咸水				蒸散发
磁　县	12342.4	65.4	65.4	1280.5			4951.9	17294.4	23649.8	10996.6
永年区	33213.9	146.6	146.6	3445.8	721.4	569.9	4595.4	37809.3	38829.6	28330.1
复兴区	10151.3	896.4	420.9	680.7	0.0	0.0	7162.3	16838.1	16101.6	8574.3
邯山区	17500.9	1545.3	731.9	1178.5	0.0	0.0	12446.5	29134.1	28996.8	14777.1
丛台区	16282.7	1437.7	677.0	1093.4	0.0	0.0	11580.9	27103.0	26905.4	13751.6
临漳县	31708.2	98.0	98.0	3289.6	515.2	407.0	4081.0	35789.2	45503.0	27398.4
成安县	20428.9	64.9	64.9	2119.4	334.9	264.6	3865.0	24293.9	31980.1	17645.1
魏　县	38981.3	110.1	110.1	4044.2	772.2	609.8	13577.5	52558.8	71633.8	33445.1
广平县	12630.4	33.5	33.5	1310.4	213.1	168.3	3900.1	16530.5	20371.4	10905.2
肥乡区	21321.7	65.9	65.9	2212.1	349.6	276.1	3889.8	25211.6	29238.0	18418.1
曲周县	26562.0	70.4	70.4	2755.7	600.0	474.0	5518.9	32080.9	37500.9	22662.0
鸡泽县	13205.6	35.6	35.6	1370.0	293.4	231.6	2428.6	15634.2	16061.1	11274.9
邱　县	18668.8	41.2	41.2	1936.8	312.2	246.6	4519.3	23188.1	27553.0	16132.0
大名县	47008.7	83.0	83.0	4877.0	746.6	589.8	11463.1	58471.8	76045.5	40712.3
馆陶县	21219.1	62.2	62.2	2201.4	364.5	288.3	5343.6	26562.7	33366.6	18302.8
合　计	341226.0	4756.3	2706.7	33795.5	5223.1	4125.8	99324.0	438500.4	515447.4	293325.4

表 6.10　　规划水平年目标 ET 与需水量比较表　　单位：亿 m^3

行政分区	丰水年				平水年				枯水年			
	目标 ET	不可控	需水量	差值	目标 ET	不可控	需水量	差值	目标 ET	不可控	需水量	差值
磁　县	1.77	1.29	0.42	0.07	2.00	1.18	0.46	0.35	2.36	1.10	0.49	0.77
永年区	4.88	2.99	1.69	0.20	4.77	2.87	1.89	0.02	3.88	2.83	2.08	−1.03
复兴区	2.15	1.07	1.05	0.04	1.96	0.91	1.13	−0.09	1.61	0.86	1.21	−0.46
邯山区	3.76	1.84	1.77	0.15	3.34	1.57	1.88	−0.11	2.90	1.48	2.00	−0.58
丛台区	3.50	1.71	1.65	0.14	3.11	1.46	1.76	−0.11	2.69	1.38	1.87	−0.55
临漳县	4.53	3.05	1.30	0.18	4.35	2.84	1.52	−0.01	4.55	2.74	1.74	0.07
成安县	3.16	1.98	1.05	0.13	3.03	1.84	1.20	−0.01	3.20	1.76	1.35	0.08
魏　县	5.63	3.77	1.63	0.23	6.12	3.49	1.94	0.69	7.16	3.34	2.25	1.57
广平县	2.02	1.26	0.67	0.08	1.95	1.16	0.80	−0.01	2.04	1.09	0.92	0.03
肥乡区	3.16	2.07	0.96	0.13	3.04	1.92	1.12	0.00	2.92	1.84	1.29	−0.20
曲周县	3.93	2.57	1.20	0.16	3.78	2.37	1.38	0.03	3.75	2.27	1.57	−0.09
鸡泽县	2.15	1.28	0.78	0.09	2.06	1.18	0.90	−0.03	1.61	1.13	1.02	−0.54
邱　县	2.70	1.85	0.74	0.11	2.71	1.70	0.86	0.15	2.76	1.61	0.97	0.17
大名县	6.33	4.42	1.65	0.25	6.74	4.18	1.98	0.58	7.60	4.07	2.23	1.31
馆陶县	3.00	1.94	0.95	0.12	3.06	1.86	1.08	0.12	3.34	1.83	1.22	0.29
合　计	52.67	33.09	17.52	2.06	52.02	30.53	19.92	1.57	51.54	29.33	22.21	0.83

综上分析，规划水平年经实施开源节流措施后，丰、平、枯水年研究区域总体水资源能够满足用水需求，但各行政区在平、枯水年有缺有余，需根据各行政区各行业用水需求和水源条件进行水资源优化配置，以满足各行政区的需水要求。各行政分区规划水平年的目标 ET 和地表水、地下水水权分配方案根据优化配置结果分析确定。

第 7 章　基于 ET 管理的水资源优化配置

7.1　水资源配置理念

大气降水、地表水、地下水、土壤水之间相互转化，实现水循环过程，形成一个不断更新的水循环系统。ET 就发生在地表水、地下水和土壤水向大气水转化的过程中，成为大气水和地表水、地下水和土壤水之间的纽带。人类至今尚无法有效控制大气水，只能直接和间接地利用地表水、地下水和土壤水进行社会经济活动。在社会经济用水过程中，减少 ET 的总量，意味着有更多的地表水、地下水和土壤水可使用。通过控制 ET 总量，减少生产过程中水资源消耗量，提高对水资源的利用程度。

传统 ET 的概念是指地表不同下垫面向大气的水分蒸散发，包括从地表和植物表面的水分蒸发与通过植物表面和植物体内的水分蒸腾两个方面。从流域水资源宏观管理的角度出发，可以将传统 ET 的概念拓展到广义 ET，即区域或者流域的真实耗水量。

基于 ET 指标进行水权分配，其实质是通过“耗水”管理代替“取水”管理，将水资源消耗水平提高，使之成为影响水资源的良性循环和水资源高效利用的决定性因素。具体应用中，采用现代水利技术和水资源管理方法，降低社会经济用水的 ET 消耗，减少地表、地下水资源的无效流失，充分发挥水资源的重复利用性，实现水资源的高效利用。

从水资源的可持续发展出发，把整个区域社会、经济、环境、生态的和谐发展作为最主要的目标。主要有三层含义：第一，必须以流域或区域水资源条件为基础，水资源基础条件包括降水量、入境水量、外调水量、地下水可利用量以及必要的出境水量；第二，保证整个区域或流域内水资源良性循环，确定人类社会、经济取用水不造成自然环境和生态的破坏，区域或流域内水资源量长期保持稳定；第三，促进人类社会、经济健康发展，提供社会进步所需要的基本水量，并指导社会、经济的发展，使其不偏离区域或流域的水资源情势。

基于 ET 指标的水资源合理配置不仅能够从总体上把握节水和水资源高效产出的方向，还可以提高水量分配方法的科学性，促进水权分配制度的建立，有效控制地下水的超采，实现水资源的可持续利用。

7.2　水资源优化配置原则

水资源的优化配置可以提高水资源的分配效率，解决不同用水者的矛盾，使有限的水资源得到科学合理的配置。一方面根据现有的水资源条件，对研究区域内不符合水资源条件的产业结构进行相应的调整；另一方面修建水利设施，缓解水资源的天然时空分布不均造成的供需矛盾，保障经济的可持续发展。本书基于最严格水资源管理制度的用水总量控制、提高用水效率和水功能区限制纳污的原则，采用相应的技术方法，对研究区域的水资源进行优化配置。

7.2.1　配置原则

1. 有效性原则

水资源的配置要同时考虑社会、生态环境、经济等各方面的利益，协调好各方可能会产生的矛盾，通过科学合理的配置，使水资源的综合利用效率达到最高，真正意义上的体现水资源在经济、社会、生态等方面有效性原则。

2. 公平性原则

水资源配置时体现公平性原则，尽可能地满足所有用水部门的水资源需求，使社会、经济、生态环境协调发展。

3. 尊重历史及现状用水的原则

分配东武仕水库和岳城水库水量时考虑近几年用水现状，确定两个水库对下游各行政分区的分水比例，再结合各行政分区供需情况进行适当调整。

4. 可持续性原则

在水资源配置时，要充分考虑研究区域水资源的承载能力，在承载能力范围内进行配置，使水资源能够持续利用。本次配置规划主要采用在空间和时程上以丰补歉的水资源开发利用方式，保持地下水动态平衡。

5. 供水次序原则

研究区域不同水源水质不同、调蓄条件不同，不同用水户对水质要求不同、水量稳定性也不同，依据供用水特点制定合理的供水次序。

行业供水次序为：生活（含服务业）、工业、生态环境、农业。

水源利用次序为：优先利用地表水，首先利用无调蓄工程的南水北调水、引黄水、自产地表水、引卫水，其次利用东武仕水库水和岳城水库水；地表水不足时开采地下水，地下水利用顺序为淡水、微咸水、咸水。

具体情况如下：

（1）城镇生活：优先利用南水北调水，不足由地下水补充。

（2）农村生活：优先利用南水北调水，不足或南水北调水未供给区域由地下水补充。

(3) 生态环境：环境利用再生水，湖区生态用水利用再生水和地表水，河流生态用水利用地表水。

(4) 工业：优先利用南水北调水、再生水，其次水库水，最后不足由地下水补充。

(5) 建筑业：优先利用再生水，其次地表水，不足由地下水补充。

(6) 第三产业：优先利用南水北调水，不足由地下水补充。

(7) 渔业：地表水。

(8) 牲畜：优先利用南水北调水，不足由地下水补充。

(9) 农业：优先利用自产地表水、引黄水、引卫水，其次地下水淡水、微咸水、咸水；时程与空间的以丰补歉水量由水库水进行调节。

7.2.2 水源条件及水力联系

研究区域可供水量自产水包括地表水、地下淡水、微咸水、咸水；入境水包括东武仕水库水、岳城水库水、南水北调水、引黄水、引卫水，再生水。南水北调水供水范围覆盖所有行政分区；引黄水供水范围覆盖魏县、广平县、肥乡区、曲周县、鸡泽县、大名县和馆陶县；引卫水供水范围覆盖魏县、大名县和馆陶县；东武仕水库供水范围覆盖磁县、永年区、复兴区、邯山区、丛台区、曲周县、鸡泽县和邱县；岳城水库供水范围覆盖磁县、临漳县、成安县、魏县、广平县、肥乡区、大名县和馆陶县。各水源供水范围详情如水资源系统网络概化图如图 7.1 所示。

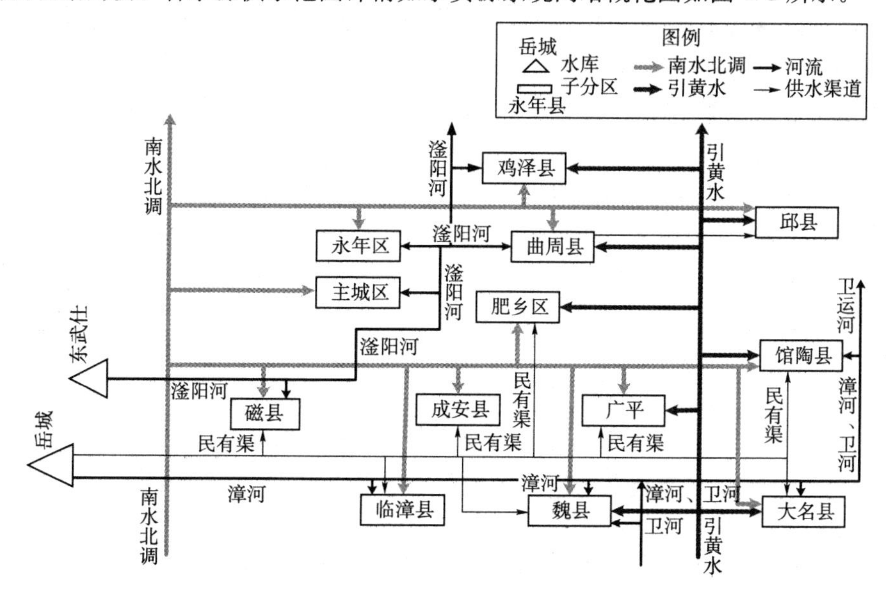

图 7.1 水资源系统网络概化图

各行政分区自产地表水、地下水只在本区域开发利用，合理配置不同行业的用水；对于其他水源，首先在供水范围内根据用水历史和规划需水情况进行行政区之间的合理调配，其次进行行政区内不同行业的用水配置。

岳城水库由漳河天然径流补给，东武仕水库除本流域天然径流外，可通过大、小跃峰渠引漳河水入库，因此两库供水可由漳河、大跃峰渠、小跃峰渠统一调配漳河水量，以满足各水库供水区的用水需求。

7.3　水资源优化配置模型的建立

根据水资源优化配置的原则建立水资源优化配置模型，在配置过程中充分考虑了节水和水资源高效利用。在水资源优化配置时优先满足生活、工业、生态环境等用水，重点对农业需水进行丰、平、枯水年的优化配置。

1. 基本假设

计算分区是水资源供需平衡分析的最小单元，隐含了均匀性假定，即计算分区内的水资源需求与供给是均匀分布的，它决定了供需平衡分析的计算精度。本书以现有县市级行政区为计算分区，计算分区内包括多个用水部门（行业）。

假设在一个计算时段内完成配置系统的一次水循环过程，即不考虑系统内水流的时间影响，系统内的所有计算分区的取水、用水、排水过程均在一个时段内完成。

2. 决策变量分析

根据水源特点把研究区域水源划分为 I 个供水水源点（$i=1, 2, \cdots, I$），根据分区原则把研究区域划分为 J 个分区（$j=1, 2, \cdots, J$），根据用水性质把用水部门划分为 K 个用水类型（$k=1, 2, \cdots, K$），把计算时间域划分为 T 个时段（$t=1, 2, \cdots, T$）。

受天然河网和工程的限制，一个水源一般可向一个分区或多个分区供水。

3. 模型优化目标

（1）整个供水过程的相对缺水量最小：

$$\min f_1(x) = \sum_{j=1}^{J}\sum_{k=1}^{K}\sum_{t=1}^{T}\alpha_{jk}\left(\frac{D_{jkt}-\sum_{i=1}^{I}Q_{ijkt}}{D_{jkt}}\right)^2 \tag{7.1}$$

式中　D_{jkt}——第 j 分区第 k 用水部门第 t 时段的需水量；

Q_{ijkt}——第 i 水源给第 j 分区第 k 用水部门第 t 时段的供水量；

α_{jk}——第 j 分区第 k 用水部门相对重要程度系数。

（2）环境效益最优。以COD排放量最小为目标：

$$\min f_2(x) = \sum 0.01 d_j p_j x_{ij} \tag{7.2}$$

式中 d_j——j 用户排放量中 COD 的含量，mg/L；

p_j——j 用户的废污水排放系数。

4. 主要约束方程

(1) 水库水量平衡方程。对于任意水库，任意时段，满足：

水库月末库容＝月初库容＋水库月入库水量－水库本月供水量－水库汛期弃水量－（月初库容＋月末库容)/2×水库月渗漏系数－（月初库面积＋月末库面积)/2×水库月水面蒸发系数。

(2) 地下水（淡水、微咸水、咸水）月开采上限约束。对于任意地下水（淡水、微咸水、咸水)，任意时段，满足：

地下水（月）供城镇生活水量＋地下水（月）供农村生活水量＋地下水（月）供工业水量＋地下水（月）供农业水量≤地下水可开采量，累积月开采量小于地下水总的开采量。

即

$$\sum_{j=1}^{J}\sum_{k=1}^{K} Q_{ijkt} \leqslant W_{it} \tag{7.3}$$

式中 W_{it}——第 i 水源（设其为地下水水源）第 t 时段的可供水量。

(3) 外调水水量约束。对于任意外调水，任意时段，满足

$$\sum_{j=1}^{J}\sum_{k=1}^{K} Q_{ijkt} \leqslant W_{it} \tag{7.4}$$

式中 W_{it}——第 i 水源（设其为外调水水源）第 t 时段的可供水量。

(4) 节点水量平衡方程。节点区间来水量＋节点上游计算单元的净退水量＋上游节点（或水库）向下游节点经河道的净泄水量－节点城镇生活、农村生活、工业、农业、城镇生态供水量－节点向下游河道的泄水量＝0。

(5) 水库库容上下限约束。对于任意水库

$$V_{t,\min} \leqslant V_t \leqslant V_{t,\max} \tag{7.5}$$

式中 V_t——第 t 时段末水库库容；

$V_{t,\min}$——第 t 时段水库最小蓄水量；

$V_{t,\max}$——第 t 时段水库最大蓄水量，如汛期防洪限制等。

(6) 计算分区用水平衡方程。水源供给其各用水部门的供水量不应多于其需水量，对于任意分区，任意时段，满足

$$\sum_{i=1}^{I} Q_{ijkt} \leqslant D_{jkt} \ (j=1,\ 2,\ \cdots,\ J;\ k=1,\ 2,\ \cdots,\ K;\ t=1,\ 2,\ \cdots,\ T) \tag{7.6}$$

具体来说，对于任意分区任意时段，需满足以下平衡方程：

1) 城镇生活用水平衡方程：

南水北调水供城镇生活水量+地下淡水供城镇生活水量+城镇生活缺水罚变量 = 城镇生活需水量

2）农村生活用水平衡方程：

南水北调水供农村生活水量 +地下淡水供农村生活水量 + 农村生活缺水罚变量 = 农村生活需水量

3）工业用水平衡方程：

南水北调水供工业水量+地表水供工业水量+地下淡水供工业水量+工业缺水罚变量 = 工业需水量

4）农业用水平衡方程：

自产地表水供农业水量 +引卫水供农业水量+引黄水供农业水量 +岳城水库或东武仕水库供农业水量+地下淡水水供农业水量 +地下微咸水供农业水量+地下咸水供农业水量+农业缺水罚变量 = 农业需水量

5）城镇生态环境用水平衡方程：

东武仕水库供生态用水量+再生水供城镇环境用水量+ 城镇生态环境缺水罚变量 = 城镇生态环境需水量

（7）河渠水源。

卫河河道水源（月）供农业水量≤河道水源（月）供水能力

东风渠（引黄）渠道水源（月）供农业水量≤渠道水源（月）供水能力

南水北调支渠道水源（月）供生活+供工业水量≤渠道水源（月）供水能力

（8）自产地表水供农业用水量≤自产地表水可利用量。

（9）再生水供环境用水量+生态用水量≤再生水可利用量。

（10）非负条件约束。

上述所有变量均为非负变量。

5. 模型计算中的基本原则

（1）用水行业供水优先次序原则：依次为城镇生活（含服务业）、农村生活、工业、城镇生态环境、农业。

（2）供水水源使用优先次序原则：优先利用地表水，地表水利用顺序为南水北调水、引黄水、自产地表水、引卫水，其次为东武仕水库水和岳城水库水；地表水不足时开采地下水，地下水利用顺序为淡水、微咸水、咸水；水质要求满足的条件下，对各水源的使用优先顺序进行设置。

7.4　水资源优化配置模型求解

由于水资源配置模型的目标函数通常会不止一个，所以想求得一个点来满足所有的目标函数，这样的绝对最优解通常不存在[179]。多目标优化模型的求解有很多方法，但人们往往根据所要解决问题的特点和决策者的意图，把多目标的复杂问题转化为单目标问题求解[180]。根据不同的目标转化原理，多目标优化问题求解方法可划分为[181]以下几种。

1. 评价函数法

多目标优化问题求解常用的一种方法之一，决策者根据所要解决的问题特点，构造一个可以把多个目标向量转化为一个数值目标的评价函数，通过新构造的评价函数对多个目标进行“评价”，这样就可以把求解多目标优化问题转化为单目标优化问题[180]。在求解过程中采用不同的评价函数，构造出不同的求解方法。常见的基于评价函数思想的多目标求解方法主要有线性加权法、平方和加权法、理想点法、最小最大法、乘除法等。

线性加权法是众多评价函数法中最简单也是最基本的方法，在构造评价函数时把权重作为目标函数的系数，而权重是根据所涉及的目标的重要程度来赋予相应的数值。例如：首先根据目标 $f_i(x)(i=1,2,\cdots,N)$ 的重要程度给出对应的权系数 ω_1，ω_2，…，ω_N，其中权系数 $\omega_i\geqslant 0$ $(i=1,2,\cdots,N)$ [182]，且满足$\sum w_i=1$，然后通过加权和评价函数将目标 $f_i(x)(i=1,2,\cdots,N)$ 构造成最小化问题

$$\min F(x)=\min\sum_{i=1}^{N}\omega_i f_i(x) \tag{7.7}$$

利用优化求解技术对其求解，将优化问题由多目标转化为单目标，求得最终解。

2. 分层序列

把优化配置目标按照重要性分别排序，依次求得每个目标的最优解[183]。例如某一多目标优化问题的 N 个目标函数，按其重要性程度排序依次为：$f_1(x)$，$f_2(x)$，…，$f_N(x)$，分层排序法的求解步骤为：

（1）首先求最重要目标函数 $f_1(x)$ 的最优值 f_1^*，即

$$\left.\begin{aligned} f_1^* &= \min_{x\in R_1} f_1(x) \\ \text{S.t.}\quad R_1 &= D \end{aligned}\right\} \tag{7.8}$$

（2）然后在目标函数 $f_1(x)$ 最优的基础上求目标函数 $f_2(x)$ 的最优值 f_2^*，即

$$\left.\begin{aligned} f_2^* &= \min_{x\in R_2} f_2(x) \\ \text{S.t.}\quad R_2 &= R_1\cap\{x\mid f_1(x)\leqslant f_1^*\} \end{aligned}\right\} \tag{7.9}$$

（3）依次类推直到求解最后一个目标函数 $f_N(x)$ 的最优值 f_N^*，即

$$\left.\begin{aligned} f_N^* &= \min_{x\in R_N} f_N(x) \\ \text{S.t.}\quad R_N &= R_{N-1} \cap \{x \mid f_{N-1}(x) \leqslant f_{N-1}^*\} \end{aligned}\right\} \tag{7.10}$$

（4）求得 $x^{(N)}$ 就是利用分层排序法求得的原多目标问题最优解，即 $x^*=x^{(N)}$，而

$$F^* = [f_1(x^*), f_2(x^*), \cdots, f_N(x^*)] \tag{7.11}$$

为多目标问题的最优值。采用此方法一般都能取得比较满意的最优解，但是，该方法也存在缺点，即若问题是唯一解时，后面的求解就失去了意义。

3. 目标规划法

目标规划法对一个主目标多个次目标或者多个主目标多个次目标的问题都适用[184]。只是需要决策者先预定每个目标函数想要达到的目标水平 $Z_i(i=1, 2, \cdots, N)$，在原来问题的约束条件中加入期望值作为附加的约束条件。这样就可以把原来多目标优化问题转化为目标函数值 $f_i(x)$ 到理想目标值 $Z_i(x)$ 之间绝对偏差最小的问题[185]，即

$$\min \sum_{i=1}^{N} \mid f_i - Z_i \mid \tag{7.12}$$

采用这种方法求解的优缺点是：优点是很容易理解，决策方便，如果设定的目标值正好在可行域内，就得到了Pareto最优解，求解效率相对较高；缺点是需要决策者提前给定各目标函数理想的目标值，对搜索空间的形状需要有足够的了解。因此这种方法适用于目标函数为线性的优化问题[186]。

4. 功效系数法

统一不同类型的目标函数的量纲，分别得到一个功效系数函数，然后求所有功效系数乘积或者加权的最优解[187]。其中目标函数的功效系数函数为

$$\min_{x\in D}\{f_1(x), f_2(x), \cdots, f_N(x)\} \tag{7.13}$$

$$d_i(x) = \frac{f_{i\max} - f_i(x)}{f_{i\max} - f_{i\min}} \quad i = 1,2,\cdots,N \tag{7.14}$$

式中　$f_{i\max} = \max_{x\in D} f_i(x)$，$f_{i\min} = \min_{x\in D} f_i(x)$，则 $d_i(x) \in [0, 1]$。

然后将多目标优化转化为单目标优化问题

$$\min F(x) = \min_{x\in D} \prod_{i=1}^{N} d_i(x) \tag{7.15}$$

5. 软件求解

本书采用水资源优化配置软件进行求解，水资源优化配置模型软件包含两种算法：免疫克隆算法和遗传算法，可在计算过程中根据需求自由选择。免疫克隆算法和遗传算法的一般流程分别见图7.2和图7.3。

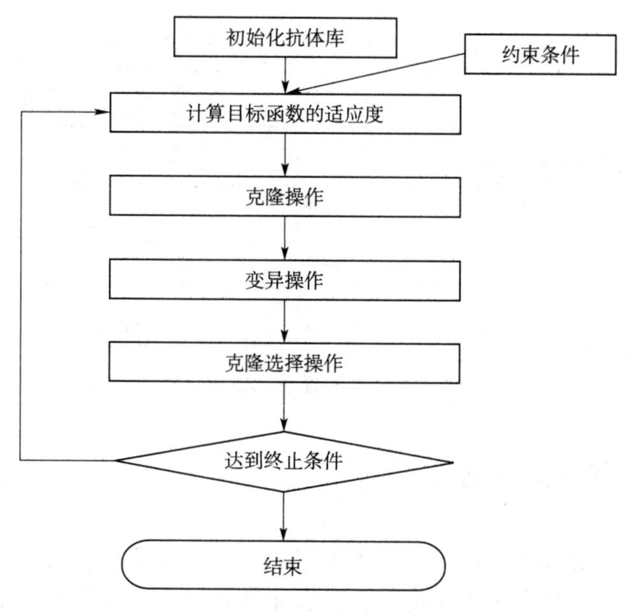

图 7.2　免疫克隆算法的一般流程图

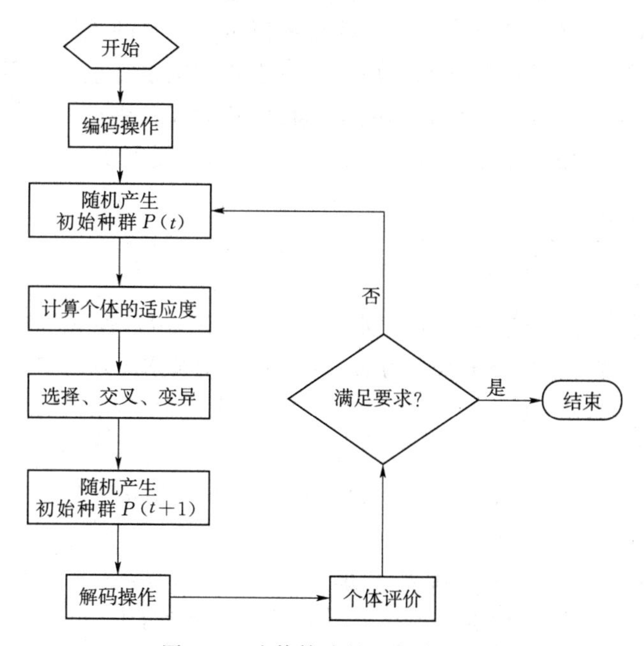

图 7.3　遗传算法的一般流程图

首先把优化配置所需的基础数据录入水资源调控系统，建立与之对应的 info 文件，并与各行政分区建立联系，进行组合；然后根据约束条件配置出不同的方案，得出最优配置结果。软件系统组成设计见图 7.4。

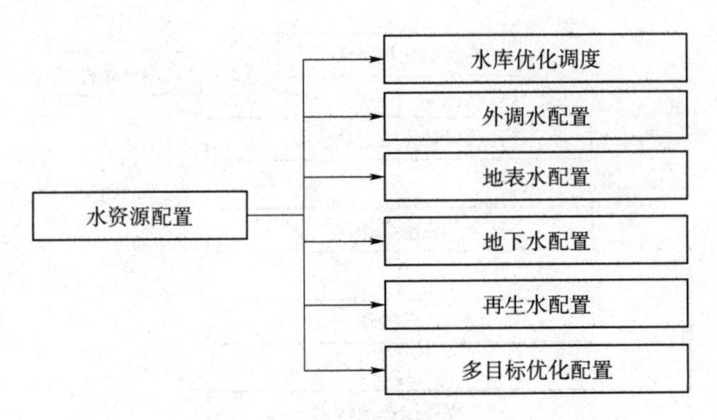

图7.4　水资源配置系统组成设计图

7.5　水资源优化配置结果

依据前述规划水平年不同保证率供需水量的预测结果和配置原则，分别进行丰、平、枯水年的水资源优化配置。农业各月用水量根据各种作物生长期用水量确定；生活用水和工业用水按年内各月均匀分配。

首先配置平水年的各行业用水，根据灌溉试验结果的咸淡水比例和子区域可利用淡水量确定微咸水和咸水利用量；枯水年微咸水、咸水利用量和平水年保持一致，以便于田间灌溉设施和配套工程的建设和利用；丰水年微咸水和咸水利用量根据总灌溉用水量相应减少。

7.5.1　优化配置成果

1. 平水年

按水源统计：自产地表水分配水量为0.46亿m^3，岳城水库分配水量为2.73亿m^3，东武仕水库分配水量为2.15亿m^3，引黄水分配水量为1.79亿m^3，引卫水分配水量为1.48亿m^3，南水北调水分配水量为3.52亿m^3，地下淡水分配水量为6.74亿m^3，微咸水分配水量为0.74亿m^3，咸水分配水量为0.31亿m^3，再生水分配水量为1.66亿m^3。各行政分区2025规划水平年水资源配置成果详见表7.1。

按行业统计：居民生活配水总量为2.66亿m^3；第一产业配水总量为12.69亿m^3，其中牲畜配水量为0.73亿m^3，渔业配水量为0.33亿m^3，农业配水量为11.63亿m^3；第二产业配水总量为1.86亿m^3；第三产业配水总量为1.66亿m^3；生态环境配水量为2.71亿m^3，其中湖区及环境配水量为1.76亿m^3，河流生态配水量为0.95亿m^3。各行政分区、各行业2025规划水平年水资源配置成果详见表7.4和表7.5。

表 7.1　　2025 规划水平年平水年水资源优化配置成果(按水源分类)

单位:万 m^3

行政分区	地表水						地下水			小计	再生水	合计
	自产地表水	岳城水库	东武仕水库	引黄水	引卫水	南水北调水	淡水	微咸水	咸水			
磁　县	109.7	580.6				2074.0	1877.2	0.0	0.0	4641.5	284.5	4926.0
永年区	254.0		3279.6			5600.0	7105.5	1507.1	1109.2	18855.4	759.8	19615.2
复兴区	645.0	1000.0	2532.7			3848.3	945.0	0.0	0.0	8970.9	2054.4	11025.3
邯山区	1121.7	1000.0	3204.1			7356.7	2055.7	0.0	0.0	14738.2	3572.9	18311.2
丛台区	1037.6	1000.0	2865.4			7168.0	1735.2	0.0	0.0	13806.2	3305.0	17111.1
临漳县	192.6	5982.4				1138.0	6856.2	896.6	158.3	15224.1	777.3	16001.3
成安县	127.1	5833.9				1074.0	4446.1	419.6	100.6	12001.2	503.9	12505.1
魏　县	226.7	2228.3		2774.3	5328.0	1300.0	7544.7	550.4	249.6	20202.1	1417.9	21620.0
广平县	71.4	1421.1		2588.4		700.0	2797.1	258.1	132.0	7968.1	328.9	8297.0
肥乡区	130.3	1361.1		3578.1		1000.0	4640.4	420.3	102.1	11232.3	526.9	11759.2
曲周县	149.5		1863.3	3901.6		553.0	5856.0	1253.4	266.3	13843.1	709.2	14552.2
鸡泽县	75.2		2516.3	1975.4		600.0	2911.4	612.9	342.8	9033.9	352.0	9385.9
邱　县	94.4		508.2	1892.7		1300.0	4108.7	553.1	121.1	8578.3	470.3	9048.6
大名县	205.4	1096.3		945.9	6216.0	790.0	10056.7	305.5	179.1	19794.8	1103.0	20897.9
馆陶县	122.5	1041.7		240.0	3256.0	700.0	4507.6	641.6	315.3	10824.6	474.5	11299.1
合　计	4563.2	22545.3	16769.6	17896.4	14800.0	35202.0	67443.4	7418.6	3076.2	189714.7	16640.4	206355.1
河流生态		4730.4	4730.4									9460.8
总　计	4563.2	27275.7	21500.0	17896.4	14800.0	35202.0	67443.4	7418.6	3076.2	199175.5	16640.4	215815.9

2. 丰水年

按水源统计：自产地表水分配水量为1.60亿m^3，岳城水库分配水量为2.20亿m^3，东武仕水库分配水量为1.86亿m^3，引黄水分配水量为1.79亿m^3，引卫水分配水量为1.58亿m^3，南水北调水分配水量为3.52亿m^3，地下淡水分配水量为4.31亿m^3，微咸水分配水量为0.48亿m^3，咸水分配水量为0.18亿m^3。再生水分配水量为1.66亿m^3。各行政分区2025规划水平年水资源配置成果详见表7.2。

按行业统计：居民生活配水总量为2.66亿m^3；第一产业配水总量为10.30亿m^3，其中牲畜配水量为0.73亿m^3，渔业配水量为0.33亿m^3，农业配水量为9.24亿m^3；第二产业配水总量为1.86亿m^3；第三产业配水总量为1.66亿m^3；生态环境配水量为2.71亿m^3，其中湖区及环境配水量为1.76亿m^3，河流生态配水量为0.95亿m^3。各行政分区、各行业2025规划水平年水资源配置成果详见表7.4和表7.6。

3. 枯水年

按水源统计：自产地表水分配水量为0.27亿m^3，岳城水库分配水量为2.95亿m^3，东武仕水库分配水量为2.69亿m^3，引黄水分配水量为1.79亿m^3，引卫水分配水量为1.38亿m^3，南水北调水分配水量为3.52亿m^3，地下淡水分配水量为8.56亿m^3，微咸水分配水量为0.74亿m^3，咸水分配水量为0.31亿m^3。各行政分区2025规划水平年水资源配置成果详见表7.3。

按行业统计：居民生活配水总量为2.66亿m^3；第一产业配水总量14.99亿m^3，其中牲畜配水量为0.73亿m^3，渔业配水量为0.33亿m^3，农业配水量为13.93亿m^3；第二产业配水总量为1.86亿m^3；第三产业配水总量为1.66亿m^3；生态环境配水量为2.71亿m^3，其中湖区及环境配水量为1.76亿m^3，河流生态配水量为0.95亿m^3。各行政分区、各行业2025规划水平年水资源配置成果详见表7.4和表7.7。

7.5.2 优化配置成果分析

平水年水资源可供水量与各行政分区生活、生产、生态需水量基本平衡，剩余地下淡水水量为0.32亿m^3，微咸水水量为0.35亿m^3，咸水水量为0.55亿m^3，再生水水量为0.35亿m^3，其他水源无剩余。因为微咸水和咸水的利用需要与其他淡水匹配，而剩余的地下淡水、微咸水和咸水在不同的区域内不满足安全利用条件，所以暂未分配。

丰水年水资源可供水量满足各行政分区生活、生产、生态需水量后，剩余地下淡水水量为5.47亿m^3，微咸水水量为1.03亿m^3，咸水水量为1.02亿m^3，再生水水量为0.35亿m^3，岳城水库水量为2.99亿m^3，东武仕水库水量为

表 7.2　2025规划水平年丰水年水资源优化配置成果(按水源分类)　单位：万 m^3

行政分区	地表水						地下水			小计	再生水	合计
	自产地表水	岳城水库	东武仕水库	引黄水	引卫水	南水北调水	淡水	微咸水	咸水			
磁　县	583.7	209.5				2074.0	1298.6			4165.8	284.5	4450.3
永年区	1475.1		3279.6			5600.0	4827.6	1004.7	739.4	16926.5	759.8	17686.3
复兴区	836.8	1000.0	1429.0			3848.3	1059.1			8173.2	2054.4	10227.7
邯山区	1455.3	1000.0	2704.1			7356.7	1082.5			13598.7	3572.9	17171.6
丛台区	1346.2	1000.0	2565.4			7168.0	631.9			12711.5	3305.0	16016.4
临漳县	1212.7	5982.4				1138.0	3981.6	597.7	105.6	13018.0	777.3	13795.3
成安县	878.9	4333.9				1074.0	3878.7	279.8	67.0	10512.3	503.9	11016.2
魏　县	1685.8	9.7		2774.3	5688.0	1300.0	5133.1	366.9	166.4	17124.3	1417.9	18542.2
广平县	551.7	1021.1		2588.4		700.0	1694.6	172.1	0.0	6727.8	328.9	7056.7
肥乡区	915.4	1061.1		3578.1		1000.0	2707.9	280.2	68.1	9610.7	526.9	10137.6
曲周县	1159.7		1863.3	3901.6		553.0	3485.9	835.6	177.5	11976.7	709.2	12685.8
鸡泽县	577.2		1516.3	1975.4		600.0	2633.3	408.6	128.5	7839.3	352.0	8191.3
邱　县	789.8		508.2	1892.7		1300.0	2474.0	368.8	80.7	7414.1	470.3	7884.4
大名县	1670.2	896.3		945.9	6636.0	790.0	5258.8	203.7	119.4	16520.2	1103.0	17623.2
馆陶县	860.4	741.7		240.0	3476.0	700.0	2996.5	327.7	110.2	9452.5	474.5	9927.0
合　计	15998.8	17255.6	13866.0	17896.4	15800.0	35202.0	43144.1	4845.7	1762.9	165771.6	16640.4	182412.0
河流生态		4730.4	4730.4									9460.8
总　计	15998.8	21986.0	18596.4	17896.4	15800.0	35202.0	43144.1	4845.7	1762.9	175232.4	16640.4	191872.8

表 7.3　2025 规划水平年枯水年水资源优化配置成果（按水源分类）

单位：万 m^3

行政分区	地表水						地下水			小计	再生水	合计
	自产地表水	岳城水库	东武仕水库	引黄水	引卫水	南水北调水	淡水	微咸水	咸水			
磁　县	65.4	1035.6				2074.0		1744.1	0.0	0.0	4919.1	284.5
永年区	146.6		4028.2			5600.0		8393.3	1507.1	1109.2	20784.3	759.8
复兴区	420.9	1000.0	3055.4			3848.3		1444.0	0.0	0.0	9768.6	2054.4
邯山区	731.9	1000.0	4765.0			7356.7		2024.2	0.0	0.0	15877.8	3572.9
丛台区	677.0	1000.0	4058.9			7168.0		1996.9	0.0	0.0	14900.9	3305.0
临漳县	98.0	6185.6				1138.0		8956.6	896.6	158.3	17433.1	777.3
成安县	64.9	7318.4				1074.0		4512.6	419.6	100.6	13490.1	503.9
魏　县	110.1	1283.5		2774.3	4968.0	1300.0		12044.2	550.4	249.6	23280.1	1417.9
广平县	33.5	1889.9		2588.4		700.0		3606.2	258.1	132.0	9208.1	328.9
肥乡区	65.9	1636.6		3578.1		1000.0		6050.9	420.3	102.1	12853.9	526.9
曲周县	70.4		2007.4	3901.6		553.0		7658.3	1253.4	266.3	15710.4	709.2
鸡泽县	35.6		3755.4	1975.4		600.0		2907.0	612.9	342.8	10229.1	352.0
邱　县	41.2		525.7	1892.7		1300.0		5308.7	553.1	121.1	9742.6	470.3
大名县	83.0	574.5		945.9	5796.0	790.0		13600.3	305.5	179.1	22274.3	1103.0
馆陶县	62.2	1825.7		240.0	3036.0	700.0		5383.7	641.6	315.3	12204.6	474.5
合　计	2706.7	24749.9	22195.9	17896.4	13800.0	35202.0		85631.1	7418.6	3076.2	212676.9	16640.4
河流生态		4730.4	4730.4									
总　计	2706.7	29480.3	26926.3	17896.4	13800.0	35202.0		85631.1	7418.6	3076.2	222137.7	16640.4

表 7.4　　2025规划水平年水资源优化配置成果（按用水户分类）　　单位：万 m^3

行政分区	生活配水			第二产业				第三产业		生态环境					合计
				工业		建筑业		服务业		湖区生态、环境			河流生态		
	南水北调	岳城水库	地下淡水	南水北调	地下淡水	南水北调	地下淡水	南水北调	地下淡水	再生水	地下淡水	引黄水	漳河	滏阳河	
磁　县	595.8			1206.4		70.5		201.3	950.9	284.5					3309.4
永年区	2757.0			1444.8		122.7		1121.1		759.8					6205.4
复兴区	739.5	1000.0		1129.0		258.6	143.5	1721.2		2054.4	40.5				7086.8
邯山区	2025.3	1000.0		1963.5		374.6	324.7	2993.4		3572.9	70.5				12324.8
丛台区	1798.4	1000.0		1816.2		646.9		2768.9		3305.0	65.2				11400.5
临漳县	1138.0		974.9		698.5		46.3		697.1	777.3					4332.1
成安县	1074.0		321.9		1436.7		15.5		1046.4	503.9					4398.4
魏　县	1300.0		1637.9		775.2		74.0		716.7	1417.9		810.2			6731.9
广平县	700.0		249.3		475.5		32.8		623.4	328.9					2409.9
肥乡区	1000.0		223.0		688.0		24.2		455.0	526.9					2917.1
曲周县	553.0		921.5		1124.7		38.3		564.4	709.2					3911.0
鸡泽县	600.0		344.6		909.0		17.5		794.0	352.0					3017.0
邱　县	821.2			478.8	138.3		3.3		621.6	470.3	0.0				2533.5
大名县	790.0		1928.4		1063.9		29.1		788.9	1103.0					5703.4
馆陶县	700.0		412.0		976.8		39.7		546.2	474.5					3149.2
合　计	16592.2	3000.0	7013.5	8038.7	8286.6	1473.3	789.0	8805.8	7804.6	16640.4	176.2	810.2	4730.4	4730.4	88891.1

表 7.5　　2025 规划水平年平水年水资源优化配置成果（按用水户分类）　　单位：万 m^3

行政分区	第一产业												合计
	牲畜		渔业		农业								
	南水北调	地下淡水	岳城水库	东武仕水库	自产地表水	引黄水	引卫水	岳城水库	东武仕水库	地下淡水	微咸水	咸水	
磁　县		347.7	157.5		109.7			423.1		578.6			1616.6
永年区	154.4	811.8		1866.2	254.0				1413.4	6293.8	1507.1	1109.2	13409.8
复兴区		136.2		15.7	645.0				2517.0	624.7			3938.6
邯山区	0.0	236.9		27.2	1121.7				3176.9	1423.7			5986.4
丛台区	137.7	81.4		25.2	1037.6				2840.2	1588.7			5710.7
临漳县		580.4	15.6		192.6			5966.8	0.0	3859.0	896.6	158.3	11669.2
成安县		514.6	1.9		127.1			5831.9	0.0	1111.0	419.6	100.6	8106.7
魏　县		757.1	9.7		226.7	1964.1	5328.0	2218.6	0.0	3583.7	550.4	249.6	14888.1
广平县		149.6	1.9		71.4	2588.4		1419.2	0.0	1266.5	258.1	132.0	5887.2
肥乡区		460.6	19.4		130.3	3578.1		1341.7	0.0	2789.6	420.3	102.1	8842.1
曲周县		648.2		725.1	149.5	3901.6		0.0	1138.2	2558.9	1253.4	266.3	10641.2
鸡泽县		315.7		23.3	75.2	1975.4		0.0	2493.0	530.7	612.9	342.8	6368.9
邱　县		401.8		196.3	94.4	1892.7		0.0	311.8	2943.7	553.1	121.1	6515.1
大名县		893.2	194.4		205.4	945.9	6216.0	901.9		5353.2	305.5	179.1	15194.5
馆陶县		699.1	13.6		122.5	240.0	3256.0	1028.1		1833.8	641.6	315.3	8149.9
合　计	292.1	7034.1	414.1	2879.1	4563.2	17086.3	14800.0	19131.2	13890.6	36339.5	7418.6	3076.2	126924.8

表 7.6　2025 规划水平年丰水年水资源优化配置成果（按用水户分类）　单位：万 m^3

行政分区	第一产业												合计
	牲畜		渔业		农业								
	南水北调	地下淡水	岳城水库	东武仕水库	自产地表水	引黄水	引卫水	岳城水库	东武仕水库	地下淡水	微咸水	咸水	
磁　县		347.7	157.5		583.7			52.0					1140.9
永年区	154.4	811.8		1866.2	1475.1				1413.4	4015.8	1004.7	739.4	11480.9
复兴区		136.2		15.7	836.8				1413.4	738.8			3140.9
邯山区	0.0	236.9		27.2	1455.3				2676.9	450.5			4846.8
丛台区	137.7	81.4		25.2	1346.2				2540.2	485.4			4616.0
临漳县		580.4	15.6		1212.7			5966.8		984.4	597.7	105.5	9463.2
成安县		514.6	1.9		878.9			4331.9		543.7	279.7	67.0	6617.8
魏　县		757.1	9.7		1685.8	1964.1	5688.0			1172.1	366.9	166.4	11810.2
广平县		149.6	1.9		551.7	2588.4		1019.2		164.0	172.1	0.0	4646.9
肥乡区		460.6	19.4		915.4	3578.1		1041.7		857.1	280.2	68.1	7220.5
曲周县		648.2		725.1	1159.7	3901.6			1138.2	188.9	835.6	177.5	8774.8
鸡泽县		315.7		23.3	577.2	1975.4			1493.0	252.6	408.6	128.5	5174.3
邱　县		401.8		196.3	789.8	1892.7			311.8	1309.0	368.7	80.7	5350.9
大名县		893.2	194.4		1670.2	945.9	6636.0	701.9		555.3	203.7	119.4	11919.8
馆陶县		699.1	13.6		860.4	240.0	3476.0	728.1		322.8	327.7	110.2	6777.8
合　计	292.1	7034.1	414.1	2879.1	15998.8	17086.3	15800.0	13841.6	10986.9	12040.3	4845.7	1762.9	102981.7

表 7.7　**2025 规划水平年枯水年水资源优化配置成果（按用水户分类）**　单位：万 m^3

行政分区	第一产业												合计
	牲畜		渔业		农业								
	南水北调	地下淡水	岳城水库	东武仕水库	自产地表水	引黄水	引卫水	岳城水库	东武仕水库	地下淡水	微咸水	咸水	
磁　县		347.7	157.5		65.4			878.1		445.5			1894.2
永年区	154.4	811.8		1866.2	146.6				2161.9	7581.5	1507.1	1109.2	15338.7
复兴区		136.2		15.7	420.9				3039.8	1123.8		0.0	4736.2
邯山区		236.9		27.2	731.9				4737.8	1392.2		0.0	7125.9
丛台区	138	81.4		25.2	677.0				4033.7	1850.4		0.0	6805.4
临漳县		580.4	15.6		98.0			6170.1	0.0	5959.4	896.6	158.3	13878.2
成安县		514.6	1.9		64.9			7316.5	0.0	1177.6	419.6	100.6	9595.6
魏　县		757.1	9.7		110.1	1964.1	4968.0	1273.7	0.0	8083.2	550.4	249.6	17966.0
广平县		149.6	1.9		33.5	2588.4		1888.0	0.0	2075.7	258.1	132.0	7127.2
肥乡区		460.6	19.4		65.9	3578.1		1617.2	0.0	4200.1	420.3	102.1	10463.7
曲周县		648.2		725.1	70.4	3901.6			1282.3	4361.3	1253.4	266.3	12508.5
鸡泽县		315.7		23.3	35.6	1975.4			3732.0	526.3	612.9	342.8	7564.1
邱　县		401.8		196.3	41.2	1892.7			329.4	4143.7	553.1	121.1	7679.4
大名县		893.2	194.4		83.0	945.9	5796.0	380.1		8896.8	305.5	179.1	17674.0
馆陶县		699.1	13.6		62.2	240.0	3036.0	1812.1		2710.0	641.6	315.3	9529.9
合　计	292.1	7034.1	414.1	2879.1	2706.7	17086.3	13800.0	21335.8	19316.9	54527.3	7418.6	3076.2	149887.0

0.54 亿 m³。按以丰补歉原则，地下水剩余水量用于相应县市区枯水年需水；岳城水库剩余水量除补给其供水区枯水年生产、生活需水外，另补给漳河平水年和枯水年的河流生态用水，并通过跃峰渠调节漳河水入东武仕水库，补给滏阳河枯水年的河流生态用水；东武仕水库剩余水量补给滏阳河平水年的河流生态用水。

枯水年时利用当年可供水量和丰水年剩余水量，可满足各行政分区的生活、生产及生态需水。枯水年微咸水和咸水的利用方式和规模与平水年保持一致。

以丰、平、枯水年为代表性供需调节周期，周期性供需平衡分析后，山前区（磁县、复兴区、邯山区、丛台区）剩余地下淡水水量为 0.60 亿 m³，其他行政区剩余微咸水水量为 1.16 亿 m³、咸水水量为 1.68 亿 m³；整个区域剩余再生水水量为 0.35 亿 m³，岳城水库水量为 0.19 亿 m³。经上分析，2025 规划水平年用水结构和水资源优化配置成果合理，具有可行性和可操作性。

基于 ET 管理的水资源优化配置重点体现了如下几方面。

1. 水源方面

常规水源：充分考虑了各种水源在时程和空间上的变化规律，以及水利工程对不同水源调控作用，遵循以丰补歉原则，根据不同区域的需水要求进行了水资源时空再分配。

非常规水源：依据非常规水源分布特点与安全利用模式，对微咸水、咸水和再生水进行了合理利用。

2. 用水水平方面

基于节水和水资源高效利用，结合现状与发展规划，构建了农业用水结构体系和其他行业用水准则，用水水平符合未来发展规划和水资源最严格管理制度规定的用水效率要求。

3. 用水总量控制方面

平水年开发利用量与水资源可利用量基本平衡；丰水年在满足用水之后，地表水充分利用水库蓄水功能，地下水蓄存在含水层；枯水年由水库补充部分地表水，适当开采地下水，保持地下水动态平衡。

4. 降水方面

充分分析了丰、平、枯水年产生的地表径流量和地下水量（淡水、微咸水、咸水），产生的地表水和地下水为可控水资源量，其中自产地表水计算了可利用量和出境量；降水扣除其产生的地表和地下水量（为不可控水资源量，即区域降水产生的散发量）。

因此，水资源优化配置成果充分反映了区域的可利用水资源量、目标 ET、地表水利用方案、地下水利用方案。

7.6 以ET为中心的水平衡机制

ET是区域水资源消耗量，目标ET是区域水资源最大允许消耗量。目标ET包括一个区域可控水资源的消耗量（含利用量和排出量）以及不可控水资源消耗量，是区域水资源总消耗量上限。以ET为中心的水平衡机制，是在区域水资源总消耗量控制下，反映各种水体开发利用方式及时程空间分配关系的，致使区域水资源达到供、耗、排平衡的，达到区域水资源可持续利用、经济社会可持续发展的供水控制体系和用水结构体系。供水控制体系包括目标ET分配方案、地表水分配方案和地下水分配方案，既体现水资源总量控制，也体现以丰补歉、地下水动态平衡的合理开发利用；用水结构体系包括区域各行业的用水类型、用水指标和用水方式，既体现节水和水资源高效利用，又体现经济社会持续发展。

1. 供水控制体系

依据规划水平年水资源优化配置成果，可分析确定研究区域2025水平年的供水控制体系，即水权分配方案，包括目标ET、地表水和地下水分配方案。

（1）地表水、地下水分配方案。即为优化配置的各行政区不同可控水源的配置结果，反映了地表水、地下水在区域、行业及时间上的分配。丰、平、枯水年地表水和地下水分配方案详见表7.1～表7.3。

（2）目标ET分配方案。目标ET包括可控水资源量和不可控水资源量。其中可控水资源量包括：分配的地表水和地下水利用量，未利用的自产地表水出境量，漳河、滏阳河河道生态用水量；不可控水资源量为降水形成的蒸散发量。经分析计算研究区域丰、平、枯水年的目标ET分别为：52.01亿m^3、50.91亿m^3、51.75亿m^3。2025规划水平年各行政区丰、平、枯水年的目标ET详见表7.8～表7.10。

表7.8 2025规划水平年丰水年目标ET计算表 单位：万m^3

行政分区	可控水资源			不可控水资源	目标ET
	分配的地表水、地下水	漳河＋滏阳河生态流量	自产地表水出境	降水蒸散发	
磁　县	4165.8		441.9	12857.0	17464.7
永年区	16926.5		737.5	29887.7	47551.7
复兴区	8173.2		1765.6	10651.8	20590.6
邯山区	13598.7		3031.2	18356.7	34986.6

续表

行政分区	可控水资源			不可控水资源	目标ET
	分配的地表水、地下水	漳河+滏阳河生态流量	自产地表水出境	降水蒸散发	
丛台区	12711.5		2828.1	17083.3	32622.8
临漳县	13018.0		606.4	30506.1	44130.5
成安县	10512.3		439.5	19835.6	30787.3
魏　县	17124.3		842.9	37748.3	55715.5
广平县	6727.8		275.8	12619.6	19623.2
肥乡区	9610.7		457.7	20704.5	30773.0
曲周县	11976.7		579.8	25740.9	38297.3
鸡泽县	7839.3		288.6	12822.4	20950.4
邱　县	7414.1		394.9	18486.4	26295.4
大名县	16520.2		835.1	44201.9	61557.2
馆陶县	9452.5		430.2	19360.7	29243.4
合　计	165771.6	9460.8	13955.2	330862.6	520050.2

表7.9　2025规划水平年平水年目标ET计算表　　单位：万m^3

行政分区	可控水资源			不可控水资源	目标ET
	分配的地表水、地下水	漳河+滏阳河生态流量	自产地表水出境	降水蒸散发	
磁　县	4641.5		0.0	11845.2	16486.8
永年区	18855.4		0.0	28672.3	47527.7
复兴区	8970.9		1077.0	9126.8	19174.8
邯山区	14738.2		1847.0	15727.0	32312.3
丛台区	13806.2		1724.5	14637.1	30167.8
临漳县	15224.1		0.0	28395.1	43619.2
成安县	12001.2		0.0	18408.2	30409.4
魏　县	20202.1		0.0	34888.9	55091.0
广平县	7968.1		0.0	11580.4	19548.5

续表

行政分区	可控水资源			不可控水资源	目标ET
	分配的地表水、地下水	漳河+滏阳河生态流量	自产地表水出境	降水蒸散发	
肥乡区	11232.3		0.0	19214.9	30447.2
曲周县	13843.1		0.0	23669.5	37512.5
鸡泽县	9033.9		0.0	11785.4	20819.3
邱　县	8578.3		0.0	17024.7	25602.9
大名县	19794.8		0.0	41761.1	61555.9
馆陶县	10824.6		0.0	18575.2	29399.8
合　计	189714.7	9460.8	4648.6	305311.8	509135.8

表7.10　2025规划水平年枯水年目标ET计算表　单位：万m^3

行政分区	可控水资源			不可控水资源	目标ET
	分配的地表水、地下水	漳河+滏阳河生态流量	自产地表水出境	降水蒸散发	
磁　县	4919.1		0.0	10996.6	15915.7
永年区	20784.3		0.0	28330.1	49114.4
复兴区	9768.6		475.5	8574.3	18818.4
邯山区	15877.8		813.4	14777.1	31468.2
丛台区	14900.9		760.7	13751.6	29413.2
临漳县	17433.1		0.0	27398.4	44831.5
成安县	13490.1		0.0	17645.1	31135.2
魏　县	23280.1		0.0	33445.1	56725.2
广平县	9208.1		0.0	10905.2	20113.3
肥乡区	12853.9		0.0	18418.1	31272.0
曲周县	15710.4		0.0	22662.0	38372.4
鸡泽县	10229.1		0.0	11274.9	21504.0
邱　县	9742.6		0.0	16132.0	25874.6
大名县	22274.3		0.0	40712.3	62986.6

续表

行政分区	可控水资源			不可控水资源	目标ET
	分配的地表水、地下水	漳河+滏阳河生态流量	自产地表水出境	降水蒸散发	
馆陶县	12204.6		0.0	18302.8	30507.3
合　计	212676.9	9460.8	2049.6	293325.4	517512.7

2. 区域水平衡关系（供、耗、排、蓄）

区域供水量，广义上为区域降水量与可利用的入境水量之和，狭义上为区域降水量产生的地表水、地下水与可利用的入境水量之和；区域耗水量为各行业消耗的总水量，包括降水产生的蒸散发量（称广义耗水量，否则称狭义耗水量）；区域排水量为由区域供水量产生的出境水量（不可利用水量）；区域蓄水变量为特定时段区域供水量大于或小于区域耗水量与排水量（不可利用水量）之和时，在区域内增加蓄存或减少的水量。

以ET为中心的水平衡关系是广义的供、耗、排及蓄水变化之间的关系。丰水年，区域供水量大于区域耗水量与排水量之和，满足用水后剩余地表水蓄存在水库里，剩余地下水蓄存在地下含水层；平水年，区域供水量与区域耗水量、排水量之和基本平衡；枯水年，区域供水量小于区域耗水量与排水量之和，枯水年的缺水量由丰水年蓄存的地表水和地下水补给。

研究区域2025规划水平年的水资源优化配置成果，在丰、平、枯水年的水文周期内，通过以丰补歉、地下水动态调节，满足以ET为中心的水平衡关系，可达到水资源持续利用、经济社会持续发展的目的。区域水平衡关系详见表7.11～表7.13。

3. 区域目标ET与区域用水量的关系

区域目标ET由可控水资源量和不可控水资源量形成，不可控水资源量ET的大小主要受区域降水量影响，取决于下垫面天然降水的蒸散发，因此，不同规划水平年用水量的变化不影响丰、平、枯水年不可控水资源量形成的ET。可控水资源量形成的ET与区域用水量多少直接相关，由于加强了节水和高效用水措施，丰水年地表水和地下水利用量相对较少，形成的ET也变小；枯水年地表水和地下水利用量相对较多，形成的ET也较大。由此分析，不同规划水平年节水和高效用水措施不同，随着用水水平的提高，可减少丰水年的可控水资源利用量，即意味着有更多的地表水、地下水可在枯水年利用。所以，规划水平年与现状水平年相比较，丰水年的可控水资源形成的ET相对变小，枯水年反之；区域目标ET遵循此规律，因此，本书关于现状水平年和规划水平年的区域目标ET分配方案是合理的，且具有可行性和可操作性。

表 7.11　　规划水平年供、耗、排平衡表（$P=25\%$）　　单位：万 m^3

行政分区	可供水量		耗水量			排水量	蓄变量				
			可控水资源		不可控水资源		余水				
	降水量	可利用入境水量	分配的地表水、地下水	漳河＋滏阳河生态流量	降水蒸散发	自产地表水出境	地下淡水	微咸水	咸水	岳城水库	东武仕水库
磁　县	17618.0	2283.5	4165.8		12857.0	441.9	2436.8	0.0	0.0		
永年区	45612.8	8879.6	16926.5		29887.7	737.5	4947.5	1083.3	909.9		
复兴区	14902.1	6277.3	8173.2		10651.8	1765.6	588.9	0.0	0.0		
邯山区	25691.2	11060.8	13598.7		18356.7	3031.2	1765.5	0.0	0.0		
丛台区	23902.9	10733.4	12711.5		17083.3	2828.1	2013.5	0.0	0.0		
临漳县	44642.9	7120.4	13018.0		30506.1	606.4	5667.0	893.5	1072.4		
成安县	29160.8	5407.9	10512.3		19835.6	439.5	2393.2	689.6	698.7		
魏　县	56416.0	9772.0	17124.3		37748.3	842.9	7006.0	1868.0	1598.5		
广平县	18541.3	4309.5	6727.8		12619.6	275.8	2295.9	444.6	487.2		
肥乡区	30435.3	5639.2	9610.7		20704.5	457.7	3838.9	731.6	731.1		
曲周县	38977.3	6317.9	11976.7		25740.9	579.8	4902.6	901.0	1194.3		
鸡泽县	19378.0	4091.7	7839.3		12822.4	288.6	1537.0	440.6	541.8		
邱　县	27134.0	3700.9	7414.1		18486.4	394.9	3371.9	534.7	632.9		
大名县	64557.2	9268.1	16520.2		44201.9	835.1	8723.4	1957.3	1587.6		
馆陶县	28719.4	5157.7	9452.5		19360.7	430.2	3182.3	727.2	724.1		
研究区域	485689.1	144785.6	165771.6	9460.8	330862.6	13955.2	54670.1	10271.3	10178.3	29859.7	5445.0

表 7.12 规划水平年供、耗、排平衡表（$P=50\%$） 单位：万 m^3

行政分区	可供水量		耗水量			排水量	蓄变量				
			可控水资源		不可控水资源		余水				
	降水量	可利用入境水量	分配的地表水、地下水	漳河+滏阳河生态流量	降水蒸散发	自产地表水出境	地下淡水	微咸水	咸水	岳城水库	东武仕水库
磁　县	14641.1	2654.6	4641.5		11845.2	0.0	808.9	0.0	0.0		
永年区	38729.3	8879.6	18855.4		28672.3	0.0	0.0	0.0	81.3		
复兴区	12253.3	7381.0	8970.9		9126.8	1077.0	459.5	0.0	0.0		
邯山区	21124.6	11560.8	14738.2		15727.0	1847.0	373.2	0.0	0.0		
丛台区	19654.2	11033.4	13806.2		14637.1	1724.5	519.8	0.0	0.0		
临漳县	37370.4	7120.4	15224.1		28395.1	0.0	0.0	179.7	691.9		
成安县	24233.6	6907.9	12001.2		18408.2	0.0	0.0	280.0	452.1		
魏　县	46541.3	11630.6	20202.1		34888.9	0.0	994.0	1062.7	1024.2		
广平县	15245.6	4709.5	7968.1		11580.4	0.0	0.0	187.0	219.7		
肥乡区	25292.8	5939.2	11232.3		19214.9	0.0	0.0	310.0	474.7		
曲周县	31918.5	6317.9	13843.1		23669.5	0.0	0.0	0.0	723.8		
鸡泽县	15868.6	5091.7	9033.9		11785.4	0.0	0.0	0.0	141.0		
邱　县	22395.0	3700.9	8578.3		17024.7	0.0	0.0	99.0	394.0		
大名县	54814.9	9048.1	19794.8		41761.1	0.0	0.0	1254.2	1052.9		
馆陶县	24568.9	5237.7	10824.6		18575.2	0.0	0.0	119.8	286.9		
研究区域	404652.0	107213.3	189714.7	9460.8	305311.8	4648.6	3155.5	3492.4	5542.5	−4730.4	−4730.4

表 7.13　　规划水平年供、耗、排平衡表（$P=75\%$）

单位：万 m^3

行政分区	可供水量		耗水量			排水量	蓄变量				
			可控水资源		不可控水资源		余水				
	降水量	可利用入境水量	分配的地表水、地下水	漳河+滏阳河生态流量	降水蒸散发	自产地表水出境	地下淡水	微咸水	咸水	岳城水库	东武仕水库
磁　县	12342.4	3109.6	4919.1		10996.6	0.0	−463.6	0.0	0.0		
永年区	33213.9	9628.2	20784.3		28330.1	0.0	−4947.5	−785.6	−539.3		
复兴区	10151.3	7903.7	9768.6		8574.3	475.5	−763.3	0.0	0.0		
邯山区	17500.9	13121.7	15877.8		14777.1	813.4	−845.7	0.0	0.0		
丛台区	16282.7	12226.9	14900.9		13751.6	760.7	−903.5	0.0	0.0		
临漳县	31708.2	7323.6	17433.1		27398.4	0.0	−5667.0	−381.4	248.7		
成安县	20428.9	8392.4	13490.1		17645.1	0.0	−2393.2	−84.7	164.0		
魏　县	38981.3	10325.8	23280.1		33445.1	0.0	−8000.0	221.8	360.2		
广平县	12630.4	5178.4	9208.1		10905.2	0.0	−2295.9	−45.1	36.4		
肥乡区	21321.7	6214.7	12853.9		18418.1	0.0	−3838.9	−70.7	174.0		
曲周县	26562.0	6462.0	15710.4		22662.0	0.0	−4902.6	−653.4	207.7		
鸡泽县	13205.6	6330.8	10229.1		11274.9	0.0	−1537.0	−319.5	−111.2		
邱　县	18668.8	3718.5	9742.6		16132.0	0.0	−3371.9	−241.0	125.5		
大名县	47008.7	8106.4	22274.3		40712.3	0.0	−8723.4	441.1	410.7		
馆陶县	21219.1	5801.7	12204.6		18302.8	0.0	−3182.3	−277.1	−27.0		
研究区域	341226.0	113844.3	212676.9	9460.8	293325.4	2049.6	−51835.6	−2195.5	1049.5	−8746.2	−714.6
	入境水量含丰水年岳城水库余水补给量 14520.2 万 m^3									−14520.2	

第8章 结论与展望

8.1 结论

随着人口的增长、社会经济的发展和人民生活水平的提高，对水资源数量和质量的需求越来越高，但水资源的短缺是我们要面对的严峻现实。如何解决这一矛盾，是目前研究的热点。本书结合研究区域日趋严峻的水资源情势现状，采用先进的技术方法和ET管理理念，结合非常规水源安全利用模式和水资源高效利用技术措施，对研究区域进行了水权分配，在此基础上对有限的水资源进行优化配置，提高水资源的利用效率，实现水资源的可持续利用，来支撑社会经济的可持续发展，使有限水资源能够在各行政区、各用水部门得到合理的配置，为该区域实行最严格水资源管理提供技术支撑。本书主要研究成果如下：

(1) 查阅国内外水资源优化配置研究进程，在前人的研究基础上，结合研究区域的实际情况，提出本书的研究内容。根据研究区域自然地理、社会经济、水资源概况和水资源开发利用等相关资料，依据邯郸市1956—2015年的水文资料，对区域降水、蒸发、地表径流（包括入、出境）及地下径流进行了分析计算，计算出该区域地表水资源、地下水资源、水资源总量及可利用水资源量。2015年为现状水平年，依据供水和需水预测进行供需平衡分析，揭示了水资源开发利用存在的问题。

(2) 依据ET管理理念，结合丰水年、枯水年降水、地表水、地下水的补排关系，提出了全区及各分区现状水平年的多年平均、丰水年、平水年、枯水年的目标ET。依据目标ET，确定了各分区现状水平年各行业地表水和地下水的水权分配方案，与现状水平年需水量相比较，进一步揭示现状用水水平存在的具体问题。

(3) 以目标ET和地表水、地下水水权分配方案为约束，提出了经济社会各行业用水规划和农业用水结构体系，并通过灌溉实验，确定了在不同灌溉方式下不同作物的灌水定额。以及提出了微咸水、咸水和再生水的安全利用模式。

(4) 在常规水资源和非常规水资源安全利用基础上，进行了规划水平年的供水预测，在各行业用水规划和农业用水结构体系的基础上进行了规划水平年的需水预测；对规划水平年的丰、平、枯水平年进行供需平衡分析，构建了研究区域和各行政分区的目标ET指标体系。

(5) 以ET管理为核心、最大水资源可消耗量为准则，结合区域地表水、地下水的相互转换关系，以及不同区域不同水源在年际年内的以丰补歉措施和农业高效节水措施，进行了区域多水源联合调控及优化配置。确定了具有科学性、先进性、有效性和可操作性的地表水和地下水分配方案。

(6) 依据水资源优化配置结果，构建了以ET为中心的水平衡机制。为合理开采地下水、保障地下水动态平衡、区域水资源可持续利用、构建与水资源承载能力相协调的经济结构体系和水权管理体系提供了技术支撑。

8.2 展望

(1) 依据研究区域水文地质条件及河渠、坑塘分布状况，进一步探查微咸水、咸水空间分布，在非常规水源安全利用基础上提高微咸水、咸水的利用程度。

(2) 结合当前河北省地下水超采区综合治理的良好时机，加强水资源管理的体制与机制建设，使水资源优化配置方案得到有效实施。

参 考 文 献

［1］ 刘文祥，耿世刚，刘金洁，等．水资源短缺及其特征［M］．贵阳：贵州科技出版社，2001.

［2］ 何俊仕，林洪孝．水资源规划及利用［M］．北京：中国水利水电出版社，2006.

［3］ 国务院．关于实施最严格水资源管理制度意见［EB/OL］．（2012－2－16）http：//www. gov. cn/zwgk/2012－02/16/content_2067664. htm.

［4］ 张伟．区域水资源水量水质统筹优化配置及其对策研究——以徐州市为例［D］．徐州：中国矿业大学，2016.

［5］ 陈家琦，王浩，杨小柳．水资源学［M］．北京：科学出版社，2005.

［6］ 魏永霞，王丽学．工程水文学［M］．北京：中国水利水电出版社，2008.

［7］ 王芳，梁瑞驹，杨小柳．中国西北地区生态需水研究（1）——干旱半干旱地区生态需水理论分析［J］．自然资源学报，2002，17（1）：1－8.

［8］ 游进军，甘泓，王浩．水资源配置模型研究现状与展望［J］．水资源与水工程学报，2005，16（3）：1－5.

［9］ GORDLEY J. Foundations of Private Law：Property，Tort，Contract，Unjust Enrichment［M］．Oxford：Oxford University Press，2006.

［10］ 王小军，陈吉宁．美国先占优先权制度研究［J］．清华法学，2010（3）：40－60.

［11］ DRAPER S E. Sharing Water Through Interbasin Transfer and Basin of Origin Protection in Georgia：Issues for Evaluation in Comprehensive State Water Planning for Georgia's Surface Water Rivers and Groundwater Aquifers［J］．Georgia State University Law Review，2004（21）：339－365.

［12］ BARMEYER W G. The Problem of Reallocation in a Regulated Riparian System：Examining The Law in Georgia［J］．Georgia Law Review，2005（2）：207－234.

［13］ HANAK E，DYCKMAN C. Counties Wresting Control：Local Responses to California's Statewide Water Market［J］．University of Denver Water Law Review，2003（6）：490－518.

［14］ CROUTER J. A Water Bank Game With Fishy Externalities［J］．Applied Economic Perspectives and Policy，2003，25（1）：246－258.

［15］ PHILPOT S，HIPEL K，JOHNSON P. Strategic Analysis of a Water Rights Conflict in the South Western United States［J］．Journal of Environmental Management，2016，247－256.

［16］ JERCICH S A. California's 1995 Water Bank Program：Purchasing Water Supply Optionns［J］．Journal of Water Resources Planning and Management，1997，123（1）：59－65.

［17］ 王小军．美国水权交易制度研究［J］．中南大学学报（社会科学版），2011，17（6）：120－126.

［18］ 赵海林，赵敏，毛春梅，等．中外水权制度比较研究与我国水权制度改革［J］．水

利经济，2003，21（4）：5-11.

[19] 张仁田，鞠茂森，ZOU J Z. 澳大利亚的水改革、水市场和水权交易［J］. 水利水电科学进展，2001.21（2）：65-68.

[20] BRENNAN D，SCOCCIMARRO M. Issues in Defining Property Rights to Improve Australian Water Markets［J］. The Australian Journal of Agricultural and Resource Economics，1999，43（1）：69-89.

[21] TISDEL J G. The Environmental Impact of Water Markets：An Australian Case-Study［J］. Journal of Environmental Management，2001，62（1）：113-120.

[22] 陈虹．世界水权制度与水交易市场［J］. 社会科学论坛，2012（1）：134-161.

[23] 靳玉莹．初始水权分配方法比对与实证研究［D］. 郑州：郑州大学，2017.

[24] 刘洪先．智利水权水市场的改革［J］. 水利发展研究，2007，3：56-59.

[25] 曾桂香，何玉红．农业水权转让与城市建设用水机制响应对策研究［J］. 安徽农业科学，2008，36（22）：9719-9722.

[26] 王晓东，刘文，黄河．中国水权制度研究［M］. 郑州：黄河水利出版社，2007.

[27] SMITH C. Review：A History of Water Rights At Common Law［J］. Journal of Environmental Law，2005，17（2）：298-300.

[28] HERN R. Competition and Access Pricing in the UK Water Industry［J］. Utilities Policy，2001，10（3-4）：117-127.

[29] 黄锡生．水权制度研究［M］. 北京：科学出版社，2005.

[30] 任庆．论我国水权制度缺陷及其创新［J］. 中国海洋大学学报（社会科学版），2006.3：52-55.

[31] 郑通汉．论制度绩效与水资源可持续利用［J］. 中国水利水电科学研究院学报，2004，2（2）：88-95.

[32] 殷德生．黄河水权制度安排的缺陷与制度创新［J］. 攀登，2001，20（4）：59-62.

[33] 田圃德，王江．水权制度创新的诱导因素分析［J］. 人民黄河 2003，25（5）：19-21.

[34] 田圃德，张淑华．水权制度创新潜在效益及影响理论探讨［J］. 人民长江，2003，34（7）：21-22.

[35] 周兴福．黑河梨园河灌区水权制度创新实践［J］. 管理科学，2004，33（6）：79-80.

[36] 李瑞杰．淮河流域初始水权分配研究［D］. 合肥：合肥工业大学，2017.

[37] 钟玉秀．基于ET的水权制度探析［J］. 水利发展研究，2007，2：14-16.

[38] 苏春宏，陈亚新，徐冰．ET_0 计算公式的最新进展与普适性评估［J］. 水科学进展，2008，19（1）：129-136.

[39] 周祖昊，王浩，秦大庸，等．基于广义ET的水资源与水环境综合规划研究Ⅰ：理论［J］. 水利学报，2009，40（9）：1025-1032.

[40] 苏春宏，陈亚新，张富仓，等．ET_0 计算公式设定条件下冠层阻力的实验率定研究［J］. 水利学报，2007，10增刊：269-275.

[41] 高思远，崔晨风，范玉平．基于岭估计的青海省东部农业区 ET_0 遥感反演研究［J］. 自然资源学报，2016，31（4）：693-702.

[42] 周瑶．青海省 ET_0 的简化计算与预测模型研究［D］. 杨凌：西北农林科技大学，2013.

[43] PENMAN H L. Natural Evaporation from Open Water, Bare Soil and Grass [J]. Proceedings A, 1948, 193 (1032): 120 - 145.

[44] MONTEITH J I L. Evaporation and Environment [J]. Symposia of the Society for Experimental Biology, 1965 (19): 205 - 234.

[45] ALLEN R G, JENSEN M E, WRIGHT J L, et al. Operational Estimates of Reference Evapotranspiration [J]. Agronomy Journal, 1989 (81): 650 - 662.

[46] JENSEN M E, BURMAN R D, ALLEN R G. Evapotranspiration and Irrigation Water Requirements [J]. American Society of Civil Engineers Manual and Reports on Engineering Practice, 1990 (70): 332.

[47] 龚元石 . Penman - Monteith 公式与 FAO - PPP - 17 Penman 修正式计算参考作物潜在蒸散量的比较 [J]. 北京农业大学学报, 1995, 21 (1): 68 - 75.

[48] 刘钰, PEREIRA L S, 蔡林根 . 参照腾发量的新定义及计算方法对比 [J]. 水利学报, 1997, (6): 27 - 33.

[49] 张文毅, 党进谦, 赵璐 . Penman - Monteith 公式与 Penman 修正式在计算 ET_0 中的比较研究 [J]. 节水灌溉, 2010 (12): 54 - 59.

[50] 刘淼 . 基于遥感与地理信息系统技术的海河流域蒸散量时空分布特征研究 [D]. 杨凌: 西北农林科技大学, 2009.

[51] BROWN K W, ROSENBERG N J. A Resistance Model to Predict Evapotranspiration and Its Application to a Sugar Beet Field [J]. Agronomy Journal, 1973, 65 (3): 341 - 347.

[52] BASTIAANSSEN W G M, MENENTI M. Mapping Groundwater Losses in The Western Desert of Egypt with Satellite Measurements of Surface Reflectance and Surface Temperature [J]. Proceedings & Information Tno Committee on Hydrological Research, 1990, 42: 61 - 99.

[53] OTTLE C, VIDAL - MADJAR D. Assimilation of Soil Moisture Inferred From Infrared Remote Sensing in a Hydrological Model Over the HAPEX - MOBILHY Region [J]. Journal of Hydrology, 1994, 158 (3 - 4): 241 - 264.

[54] 钟强 . 应用 AVHRR 的卫星辐射资料计算青藏高原地区的行星反照率与射出长波辐射 [J]. 高原气象, 1984, 3 (2): 1 - 9.

[55] 王介民, 马耀明 . 卫星遥感在 HEIFE 非均匀陆面过程研究中的应用 [J]. 遥感技术与应用, 1995, 10 (3): 19 - 26.

[56] 陈云浩, 李晓兵, 史培军 . 中国西北地区蒸发散量计算的遥感研究 [J]. 地理学报, 2001, 56 (3): 261 - 268.

[57] 彭致功, 刘钰, 许迪, 等 . 基于 RS 数据和 GIS 方法估算区域作物节水潜力 [J]. 农业工程学报, 2009, 25 (7): 8 - 12.

[58] 刘春雨, 董晓峰, 刘英英 . 西北干旱区遥感 ET 与潜在 ET 对气候变化的响应——以甘南草原区域为例 [J]. 兰州大学学报 (自然科学版), 2014, 50 (2): 194 - 199.

[59] 吴炳方, 闫娜娜, 曾红伟, 等 . 节水灌溉农业的空间认知与建议 [J]. 中国科学院院刊, 2017, 32 (1): 70 - 77.

[60] 刘燕玲 . 保定市郊污灌区土壤重金属时空分布特征与潜在风险评价 [D]. 保定: 河北农业大学, 2011.

[61] 辛术贞，李花粉，苏德纯．我国污灌污水中重金属含量特征及年代变化规律 [J]. 农业环境科学学报，2011，30 (11)：2271-2278.

[62] 祁丽荣，郭振苗，高江永．不同处理等级污水中氮素对农田土壤环境的影响 [J]. 农业工程，2017，7 (01)：44-47.

[63] EGGLETON M，ZEGADA-LIZARAZU W，EPHRATH J，et al. The Effect of Brackish Water Irrigation on the Above-and Below-Ground Development of Pollarded Acacia Saligna Shrubs in an Arid Environment [J]. Plant and Soil 2007，299 (1-2)：141-152.

[64] 陈素英，张喜英，邵立威，等．微咸水非充分灌溉对冬小麦生长发育及夏玉米产量的影响 [J]. 中国生态农业学报，2011，19 (3)：579-585.

[65] 吴忠东，王全九．微咸水非充分灌溉对土壤水盐分布与冬小麦产量的影响 [J]. 农业工程学报，2009，25 (9)：36-42.

[66] 马文军，程琴娟，李良涛，等．微咸水灌溉下土壤水盐动态及对作物产量的影响 [J]. 农业工程学报，2010，26 (1)：73-80.

[67] 杨树青，史海滨，杨金忠，等．干旱区微咸水灌溉对地下水环境影响的研究 [J]. 水利学报，2007，38 (5)：565-574.

[68] 王卫光，王修贵．河套灌区咸水灌溉试验研究 [J]. 农业工程学报，2004，20 (5)：92-96.

[69] 王全九，单鱼洋．微咸水灌溉与土壤水盐调控研究进展 [J]. 农业机械学报，2015，46 (12)：117-126.

[70] BECH J. The Soils of Israel-by A. Singer [J]. European Journal of Soil Science，2008，59 (2)：414-415.

[71] 何志龙，赵志刚，李丹．以色列农业现代化成功经验及其对陕西农业发展的启示 [J]. 杨凌职业技术学院学报，2012，11 (3)：27-33.

[72] 沈振荣，汪林，于福亮，等．节水新概念——真实节水的研究与应用 [M]. 北京：中国水利水电出版社，2000.

[73] TAL A. To Make a Desert Bloom：The Israeli Agricultural Adventure and the Quest For Sustainability [J]. Agricultural History，2007，81 (2)：228-257.

[74] ZOEBL D. Is Water Productivity a Useful Concept in Agricultural Water Management [J]. Agricultural Water Management，2006，84 (3)：265-273.

[75] 蔡鸿毅，程诗月，刘合光．农业节水灌溉国别经验对比分析 [J]. 世界农业，2017，12：4-10.

[76] 许迪，吴普特，梅旭荣，等．我国节水农业科技创新成效与进展 [J]. 农业工程学报，2003，19 (3)：34-39.

[77] 孙春峰，张丽玲，史占良．现代节水农业发展趋势研究 [J]. 河北农业科学，2009，13 (10)：164-165.

[78] 许迪，龚时宏．现代农业高效用水技术研究发展趋势与重点 [J]. 武汉大学学报（工学版），2009，42 (5)：555-558，581.

[79] 吴乐，孔德帅．地下水超采区农业生态补偿政策节水效果分析 [J]. 干旱区资源与环境，2017，3 (31)：38-44.

[80] 陈雷．新时期治水兴水的科学指南——深入学习贯彻习近平总书记关于治水的重要

论述 [J]. 求是，2014，8 (1)：47-49.

[81] 许迪，高占义．农业高效用水研究进展与成果回顾 [J]. 中国水利水电科学研究院学报，2008，6 (3)：199-206.

[82] 甘弘．水资源合理配置理论与实践 [D]. 北京：中国水利水电科学研究院，2000.

[83] 李雪萍．国内外水资源配置研究综述 [J]. 海河水利，2002 (5)：13-15.

[84] 赵鹏．区域水资源配置系统演化研究 [D]. 天津：天津大学，2007.

[85] MAASS A，HUFSCHMIDT M M，DORFMAN R，et al. Design of Water Resource Management [M]. Cambridge：Harvard University Press，1962.

[86] MURRAY D M，YAKOWITZ S J. Constrained Differential Dynamic Programming and Its Application to Multireservoir Control [J]. Water Resources Research，1979，15 (5)：1017-1027.

[87] KUCAERA G，DIMENT G. General Water Supply System Simulation Model [J]. Journal of Water Resources Planning and Management，1988，114 (4)：365-382.

[88] 叶锦昭，卢文秀．世界水资源概论 [M]. 北京：科学出版社，1993.

[89] 柳长顺，陈献，刘昌明，等．国外流域水资源配置模型研究进展 [J]. 河海大学学报（自然科学版），2005 (5)：522-524.

[90] JOERES E F，LIEBMAN J C，REVELLE C S. Operating Rules for Joint Operation of Raw Water Sources [J]. Water Resources Research，1971，7 (2)：225-235.

[91] BURAS N. Scientific Allocation of Water Resources [M]. New York：American Elsevier Publication Co.，Inc，1972.

[92] DUDLEY N J，BURT O R. Stcochastic Reservoir Management and System Design for Irrigation [J]. Water Resources Research，1973，9 (3)：507-552.

[93] BECKER L，YEH W W G. Optimization of Real Time Operation of Multiple-Reservoir System [J]. Water Resources Research，1974，10 (6)：1107-1112.

[94] HAIMES Y Y，HALL W A，FREEDMAN H T. Multiobjective Optimization in Water Resources Systems [M]. Amsterdam：Elsevier Scientific Publishing Company，1975.

[95] ROGERS P，RAMASESHAN S. Multiobjective Analysis for Planning and Operation of Water Resource System：Some Examples from India [J]. Paper Presented at Joint Automatic Control Conference，1976：213-217.

[96] PEARSON D，WALSH P D. The Derivation and Use of Control Curves for the Regional Allocation of Water Resources [J]. Optimal Allocation of Water Resourees，1982，135：275-284.

[97] LOUIE P W F，YEH W W G，HSU N S. Multiobjective Water Resources Management Planning [J]. Journal of Water Resources Planning & Management，1984，110 (1)：39-56.

[98] WILLIS R，YEH W W G，Groundwater System Planning and Management [J]. New Jersey Prentice Hall，1987：21-23.

[99] PERCIA C，ORON G，MEHREZ A. Optimal Operation of Regional System With Diverse Water Quality Sources [J]. Journal of Water Resources Planning & Management，1997，123 (2)：105-115.

[100] AFZAL J, NOBLE D H. Optimization Model for Alternative Use of Different Quality Irrigation Waters [J]. Journal of Irrigation and Drainage Engineering, 1992, 118 (2): 218-228.

[101] FLEMING R A, ADAMS R M, KIM C S. Regulating Groundwater Pollution: Effects of Geophysical Response Assumptions on Economic Efficiency [J]. Water Resources Research, 1995, 31 (4): 1069-1076.

[102] PERCIA C. Optimal Operation of Regional System with Diverse Water Quality Sources [J]. Journal of Water Resources Planning & Management, 1997, 123 (2): 105-115.

[103] KUMAR A, MINOCHA V K, SASIKUMAR K, et al. Fuzzy Optimization Model for Water Quality Management of a River System [J]. Journal of Water Resources Planning and Management, 1999, 125 (3): 179-180.

[104] CHANDRAMOULI V, RAMAN H. Multireservoir Modeling with Dynamic Programming and Neural Networks [J]. Journal of Water Resources Planning & Management, 2001, 127 (2): 89-98.

[105] MCKINNEY D C, CAI X M. Linking GIS and Water Resource Management Models: an Object-Oriented Method [J]. Environmental Modeling & Software, 2002, 17 (5): 413-425.

[106] WANG L Z, FANG L P, HIPEL K W. Basin-Wide Cooperative Water Resources Allocation [J]. European Journal of Operational Reaeach, 2008, 190 (3): 798-817.

[107] GEORGE B, MAIANO H, DAVIDSON B. An Integrated Hydro-Economic Modeling Framework to Evaluate Water Allocation Strategies Ⅰ: Model Development [J]. Agricultural Water Management, 2011, 98 (5): 733-746.

[108] 谭维炎，刘健民，黄守信，等．应用随机动态规划进行水电站水库的最优调度 [J]. 水利学报，1982 (7): 1-7.

[109] 董子敖，闫建生，尚忠昌，等．改变约束法和国民经济效益最大准则在水电站水库优化调度中的应用 [J]. 水力发电学报，1983 (2): 1-11.

[110] 张玉新，冯尚友．多维决策的多目标动态规划及其应用 [J]. 水利学报，1986 (7): 1-11.

[111] 吴炳方，朱光熙，孙锡衡．多目标水库群的联合调度 [J]. 水利学报，1987 (2): 43-51.

[112] 阮本清，李清杰．柳园口引黄灌区水资源的优化调配 [J]. 人民黄河，1989 (4): 37-41.

[113] 姚松岭．银川灌区水资源利用优化模式初探 [J]. 武汉水利电力学院学报，1991, 24 (3): 331-336.

[114] 费良军，施丽贞，孙世金，等．蓄、引、提、灌溉及发电水资源系统的联合优化调度研究 [J]. 水利学报，1993 (9): 32-37.

[115] 沈菊琴，许卓明．潘庄灌区水资源管理宏观决策模型研究 [J]. 水科学进展，1996, 7 (2): 130-137.

[116] 王文林，王文科，王钊，等，水资源优化配置决策支持系统中的软件集成方法

[J]. 西安工程学院学报，2001，23 (2)：68-70.

[117] 赵勇，陆垂裕，肖伟华．广义水资源合理配置研究（Ⅱ）-模型 [J]. 水利学报，2007，38 (2)：163-170.

[118] 侍翰生，程吉林，方红远，等．基于动态规划与模拟退火算法的河-湖-梯级泵站系统水资源优化配置研究 [J]. 水利学报，2013，44(1)：91-95.

[119] 褚钰．考虑用水主体满意度的流域水资源优化配置研究 [J]. 资源科学，2018，40 (1)：117-124.

[120] 程帅．基于智能算法与GIS的灌溉水资源多目标优化配置 [D]. 长春：中国科学院大学（中国科学院东北地理与农业生态研究所），2016.

[121] 粟晓玲，康绍忠．干旱区面向生态的水资源合理配置研究进展与关键问题 [J]. 农业工程学报，2005，21 (1)：167-171.

[122] 邯郸市统计局．邯郸市统计年鉴 [M]. 北京：中国统计出版社，2016.

[123] SCOTT A，COUSTALIN G. The Evolution of Water Rights [J]. Natural Resources Journal，1995，35 (4)：821-979.

[124] 汪恕诚．水权管理与节水社会 [J]. 中国水利，2001 (5)：6-8.

[125] 石玉波．关于水权与水市场的几点认识 [J]. 中国水利，2001 (2)：31-32.

[126] 姜广斌，李先柏．中国水权制度的构建 [J]. 水利发展研究，2003 (12)：19-21.

[127] 杨力敏．水权定义与水权转让路径探索——兼论取水权转让的理论和现实基础 [J]. 水利发展研究，2005 (6)：12-16.

[128] 丁渠．浅议我国水权制度的立法完善 [J]. 人民黄河，2007，29 (5)：5-6.

[129] 吴楠．水权问题初探 [J]. 水文，2009 (2)：76-80.

[130] 黄辉．水权：体系与结构的重塑 [J]. 上海交通大学学报（哲学社会科学版），2010，3 (18)：24-29.

[131] 孙媛媛，贾绍凤．水权赋权依据与水权分类 [J]. 资源科学，2016，38 (10)：1893-1900.

[132] 王小军．水权概念研究 [J]. 时代法学，2013，11 (4)：53-58.

[133] 第九届全国人大常委．中华人民共和国水法 [M]. 北京：中国法制出版社，2016.

[134] 曹明德．论我国水资源有偿使用制度——我国水权和水权流转机制的理论探讨与实践评析 [J]. 郑州大学学报（哲学社会科学版），2004，37 (3)：77-86.

[135] 袁弘任．水资源保护及其立法 [M]. 北京：中国水利水电出版社，2002.

[136] 王浩，党连文，汪林，等．关于我国水权制度建设若干问题的思考 [J]. 中国水利，2006 (1)：28-30.

[137] 杨奇儒．黄河水权制度创新的路径选择 [J]. 人民黄河，2009，31 (6)：72-74.

[138] 李想，吕秀环，冯辉．水量统一调度以来黄河流域水资源利用分析 [J]. 人民黄河，2008，30 (4)：44-46.

[139] 孙广生，裴勇．黄河水资源统一管理与调度的实践与展望 [J]. 人民黄河，2004，26 (5)：25-27.

[140] 乔建华，孔慕兰，迟鹏超．松辽流域初始水权分配类型和拥有期限研究 [J]. 中国水利，2005 (9)：13-18.

[141] 王蓉，祝水贵，杨永生，等．江西省水权制度建设与探讨 [J]. 中国水利，2006 (21)：6-8.

[142] 李春晖，孙炼，张楠，等．水权交易对生态环境影响研究进展［J］．水科学进展，2016，27（2）：307-316.

[143] 王忠静，郑航，刘斌．霍林河流域水权制度建设特点及思考［J］．中国水利，2006（21）：27-29.

[144] 谢新民，王志璋，王教河，等．松辽流域初始水权分配中确定政府预留水量的研究［J］．中国水利水电科学研究院学报，2006，4（2）：128-132.

[145] 吴丹，王亚华．双控行动下流域初始水权分配的多层递阶决策模型［J］．中国人口·资源与环境，2017，27（11）：215-224.

[146] 韩桂兰．塔里木河流域绿洲生态水权县团分配研究［J］．新疆财经，2017（3）：51-63.

[147] 郑航．初始水权分配及其调度实现——以干旱区石羊河流域为例［D］．北京：清华大学，2009.

[148] 鲍淑君．我国水权制度架构与配置关键技术研究［D］．北京：中国水利水电科学研究院，2013.

[149] 李国英．对黄河水权转换的思考［J］．治黄科技信息，2010（1）：12-15.

[150] 薛福洋．中国水权市场运行效果：基于多案例的定性比较分析［D］．大连：大连理工大学，2017.

[151] 蒋云钟，赵红莉，甘治国，等．基于蒸腾蒸发量指标的水资源合理配置方法［J］．水利学报，2008，39（6）：720-725.

[152] KELLER A，KELLER J，SEEKER D. Integrated Water Resources System：Theory and Policy Implications［R］. Colombo：International Water Management Institute，1996.

[153] LI X L，LIU D D，FEI L J. Research on Real Water Saving by ET Management Technology［J］. International Journal of Applied Environmental Sciences，2014（9）：9-17.

[154] HARGREAVES G H，SAMANI Z A. Reference Crop Evapotranspiration from Temperature［J］. Applied Engineering in Agriculture，1985，1（2）：96-99.

[155] PEREIRA A R，PRUITT W O. Adaptation of the Thorthwaite Scheme for Estimating Daily Reference Evapotranspiration［J］. Agricultural Water Management，2004（66）：251-257.

[156] 刘彬．基于蒸腾蒸发量的区域真实节水研究［J］．水利水电技术，2014，45（8）：1-4，10.

[157] 王树谦，李秀丽．利用蒸腾蒸发管理技术实现真实节水研究［J］．水资源保护，2008，24（6）：68-71.

[158] 孙敏章，刘作新，吴炳方，等．卫星遥感监测 ET 方法及其在水管理方面的应用［J］．水科学进展，2005，16（3）：468-474.

[159] LI X L，LI D X，LIU D D，et al. Influence of Sewage Irrigation on the Heavy Metal Content of Soil and Crops［J］. Nature Environment and Pollution Technology，2014，13（3）：633-636.

[160] LI X L，LI X Y，WANG S Q，et al. Research on Influence of Brackish Water Irrigation on Yield of Winter Wheat［J］. International Journal of Applied Environmental

Sciences，2013，8 (15)：1877 - 1855.

[161] 吴炳方，闫娜娜，曾红伟，等．节水灌溉农业的空间认知与建议 [J]．中国科学院院刊，2017，32 (1)：70 - 71.

[162] 康绍忠，霍再林，李万红．旱区农业高效用水及生态环境效应研究现状与展望 [J]．中国科学基金，2016 (3)：208 - 212.

[163] 张志宇．土壤墒情预报与作物灌溉制度多目标优化 [D]．保定：河北农业大学，2014.

[164] WEIMANN A，VON SCHONERMARK M，SCHUMANN A，et al. Soil Moisture Estimation with ERS - 1 SAR Data in the East - German Loess Soil Area [J]. International Journal of Remote Sensing，1998，19 (2)：237 - 243.

[165] YAMAGUCHI Y，SHINODA M. Soil Moisture Modeling Based on Multiyear Observations in the Sahel [J]. Journal of Applied Meteorology，2002 (41)：1140 - 1146.

[166] 赵西宁，王玉宝．基于遗传投影寻踪模型的黑河中游地区农业节水潜力综合评价 [J]．中国生态农业学报，2014，22 (1)：104 - 110.

[167] 毛晓敏，尚松浩．作物非充分灌溉制度优化的 0 - 1 规划模型建立与应用 [J]．农业机械学报，2014，45 (10)：153 - 158.

[168] LEWIN J. A Simple Soil Simulation Model for Assessing the Irrigation Requirements of Wheat [J]. Israel J. Agricultural Research，1972，22 (4)：201 - 213.

[169] 范海燕，朱丹阳，郝仲勇，等．基于 AHP 和 ArcGIS 的北京市农业节水区划研究 [J]．农业机械学报，2017，48 (3)：288 - 293.

[170] 牛宏飞，张钟莉莉，孙仕军，等．土壤墒情预报模型对比 [J]．中国农业大学学报，2018，23 (8)：142 - 150.

[171] 张智韬，刘俊民，陈俊英，等．基于 3S 技术的灌区水费收入最高的配水模型 [J]．武汉大学学报（工学版），2011，44 (1)：58 - 65.

[172] 葛文杰，赵春江．农业物联网研究与应用现状及发展对策研究 [J]．农业机械学报，2014，45 (7)：2 - 8.

[173] 田宏武，郑文刚，李寒．大田农业节水物联网技术应用现状与发展趋势 [J]．农业工程学报，2016，32 (21)：1 - 12.

[174] 张晓月，李荣平，焦敏，等．农田土壤墒情监测与预报系统研发 [J]．农业工程学报，2016，32 (18)，140 - 146.

[175] 刘勇洪，叶彩华，王克武，等．RS 和 GIS 技术支持下的北京地区土壤墒情预报技术 [J]．农业工程学报，2008，24 (9)：155 - 160.

[176] 郄志红，韩李明，吴鑫淼．基于改进 NSGA - Ⅱ 的作物灌水量与灌溉日期同步优化 [J]．农业机械学报，2011，42 (5)：106 - 110.

[177] 孔祥仟，陈园，刘博懿，等．基于主成分分析的神经网络在需水预测中的应用 [J]．水电能源科学，2018，36 (4)：26 - 28.

[178] 郭元裕．农田水利学 [M]．北京：中国水利水电出版社，2015.

[179] 王远干．多目标线性规划模型的模糊数学解法 [J]．钦州学院学报，2008，123 (13)：14 - 16.

[180] 莫愿斌．粒子群优化算法的扩展与应用 [D]．杭州：浙江大学，2006.

[181] 刘文昭．基于图像识别的电梯群控系统研究 [D]．成都：电子科技大学，2012.

[182] 高翔．PSO 在决策支持中多目标静态优化问题的算法应用研究［D］．成都：电子科技大学，2009.

[183] 陈绍新．多目标优化的粒子群算法及其应用研究［D］．大连：大连理工大学，2007.

[184] 刘佳．电力系统中若干优化问题的研究［D］．沈阳：东北大学，2009.

[185] 崔鹏举．双资源多目标柔性作业车间调度问题研究［D］．西安：西安电子科技大学，2011.

[186] 钟晨煜，胡慧婷．基于灰色预测及多目标规划模型的水资源预测及优化配置［J］．四川理工学院学报：自然科学版，2013，26（5）：90－95.

[187] 潘俊，王灏瀚．基于遗传算法的多目标水资源优化配置：以沈阳地区为例［J］．沈阳建筑大学学报：自然科学版，2016，32（5）：945－952.